HÄDECKE

Köstliches von Hecken und Sträuchern

bestimmen, sammeln und zubereiten

Dr. Markus Strauß

NATUR & GENUSS

Danksagung

Ein herzliches Dankeschön an meine Freundin Reina Hartung für den regen Gedankenaustausch und Ihre Unterstützung beim Entwickeln der Rezepte!

Hinweis

Die hier genannten Pflanzeninformationen wurden sorgfältig recherchiert und nach bestem Wissen und Gewissen wiedergegeben. Die Hinweise zu den Heilwirkungen der Pflanzen ersetzen aber in keinem Fall den Rat und die Hilfe eines kompetenten Arztes oder Heilpraktikers. Der Verlag und der Autor übernehmen keine Haftung für Schäden, die durch unsachgemäße Anwendung der dargestellten Behandlungs- und Zubereitungsmethoden oder durch falsche Nutzung der Wildpflanzen entstehen, und übernehmen auch keinerlei Verantwortung für medizinische Forderungen. Die Sammlung und Ernte der hier vorgestellten essbaren Pflanzenteile der Hecken und Sträucher sollte weder in Naturschutzgebieten noch am Rande stark befahrener Straßen erfolgen.

Impressum

4 3 | 2014 2013 2012

Lektorat: Julia Genazino

Bildnachweis: Seiten 8, 12, 16, 22, 24, 28, 30, 34/35, 38, 42, 45, 46, 48 links, 50, 56, 66, 70/71, 74 rechts, 77, 78, 80 rechts, 87 sowie Umschlag Michael Brem, Leonberg; Seiten 4, 6, 18, 20, 26, 32, 48 rechts, 52, 54, 72, 74 links, 82 Oliver Lieber, Malmsheim; weitere Abbildungen: istockphoto.com: S. 58 © Jacintha van Beemen, S. 60 links © felinda, S. 60 rechts © Roger Whiteway, S. 80 links © André Maslennikov; Shutterstock Images LLC, USA: S. 14 rechts © Nikita Tiunow, S. 14 links © Gucio_55, S. 64 © Uwe Pillat; alle historischen Illustrationen: © Biolib, Kurt Stueber, Köln, mit Ausnahme der Seiten 21 (RHS, Lindley Library) und 49 (RHS, Alfred John Wise)

Gestaltung, Grafiken und Satz: Julia Graff, Design & Produktion, Stuttgart (Florale Illustrationen nach Vorlage von www.idealhut.com, Icons unter Verwendung einer Grafik von vecteezy.com)

Gesetzt aus der Zag (Svetoslav Simov/Fontfabric) und Relato Sans (Eduardo Manso/Emtype Foundry)

Printed 2012 in EU

Druck auf chlorfrei gebleichtem FSC®-Papier

ISBN 978-3-7750-0594-4

MIX Paper FSC® C057358

Abkürzungen und Mengenangaben

kg – Kilogramm	**g** – Gramm	**ml** – Milliliter = 0,001 Liter	**l** – Liter
EL – Esslöffel	**TL** – Teelöffel	**cm** – Zentimeter = 0,01 Meter	**m** – Meter

Die aufgeführten Rezepte sind, soweit nicht anders angegeben, für 4 Portionen berechnet.

Inhalt

Vorwort

Zugegeben: Das Ernten und Verarbeiten von Wildobst kostet Zeit und Mühe. Aber der Aufwand lohnt sich – die Ernährung aus der Natur ist umsonst und schenkt uns eine besonders vitamin- und mineralstoffreiche Kost mit einer Fülle von neuen und bereichernden Aromen. Hecken schmecken! Wildobst ist mehr als nur eine Notlösung für schlechte Zeiten, die Früchte sind vielmehr eine kulinarische Herausforderung für alle Genussmenschen. Mit den Zutaten unserer modernen Küche lassen sie sich bestens kombinieren und sorgen so für neuen Geschmack in altbekannten Rezepten.

Wildobst wächst auf Bäumen und Sträuchern, die züchterisch wenig oder gar nicht beeinflusst worden sind. Es sind Gehölze, die ohne menschliche „Verpflanzung" in ihrem Ursprungsland gedeihen und hier oft schon Jahrtausende zur heimischen Vegetation gehören. Die wilden Früchte waren einst Grundnahrungsmittel und werden heute nur noch wenig genutzt. Dabei ist die Nahrung aus der Natur nicht nur kostenlos, sondern auch überaus gesund! Beispielsweise ist in den Beeren des Sauerdorns, der „Zitrone des Nordens", dreimal so viel Vitamin C enthalten wie in Zitronen. Bezogen auf das essbare Fruchtgewebe enthält Sanddorn sogar den 7-fachen und die Hagebutte den 30-fachen Vitamin-C-Gehalt der Zitrone!

„Hecken und Sträucher": Im Vergleich mit den zuvor porträtierten „Wildpflanzen" und „Waldbäumen" (Literaturhinweise siehe Seite 88) klingt das zunächst einmal unbedeutend – ein großer Irrtum! Hecken und Sträucher sind überall zu finden, auf dem Land und in der Stadt. Sie wachsen in Ziergärten und Parks, bei Wohnhäusern, als Kübelpflanzen in der Fußgängerzone, auf Friedhöfen, entlang von Autobahnen, auf Böschungen, in ländlichen Bauerngärten, an Bahndämmen, in der Feldflur und an Waldrändern: Im ganzen Land begegnen wir Hecken und Sträuchern. Sie sind zwar kleiner als ihre größeren Verwandten, die Bäume, spielen aber bei der Gestaltung von Grünflächen und im Erscheinungsbild ganzer Landschaften oft die Hauptrolle. Die sogenannten „Heckenlandschaften" sind idyllische Rückzugsgebiete für Mensch, Tier und Pflanze. Sträucher und Hecken prägen unser Landschaftsbild und schufen Biotope, die eine besonders artenreiche Flora und Fauna hervorgebracht haben. Die berühmten „Knicks" (siehe Seite 11) in Schleswig-Holstein sind dafür ein eindrucksvolles Beispiel, ebenso das „Heckengäu" in Württemberg. Hecken stabilisieren den Boden und schützen ihn vor Wind- und Wassererosion. Sie verbessern die Bodenfruchtbarkeit, das Kleinklima und den Wasserhaushalt. In der offenen Landschaft bieten sie Lebensraum für viele bedrohte Tiere und Pflanzen. All das zeigt: Hecken sind wichtig für unsere Kulturlandschaft. Sie verdienen eine bewusste Beachtung, schonenden Umgang und sorgsame Pflege.

Es würde mich freuen, wenn ich Sie mit diesem Buch dazu anregen könnte, das kostbare Wildobst in Ihren Speiseplan aufzunehmen. Haben Sie einen eigenen Garten? Der Anbau der urigen Sträucher ist besonders einfach und problemlos! Naturnah gestaltete Hecken erfordern wenig Pflege, stellen kaum Ansprüche an Boden und Standort und sind absolut frosthart. Da Wildobstgehölze oft schon seit Menschengedenken bei uns heimisch sind, hat sich ihre ursprüngliche Robustheit und Widerstandsfähigkeit gegenüber Krankheiten und Schädlingen erhalten – im Gegensatz zu vielen Kulturobstarten. Zudem bieten sie effektiven Wind- und Sichtschutz. Nicht zuletzt haben die Sträucher einen hohen Zierwert; aus diesem Grund werden sie heute hauptsächlich kultiviert. Richtig platziert schenken Ihnen die Pflanzen das ganze Jahr über ein intensives Naturerlebnis. Sie können in oft üppigen Blüten und Düften schwelgen, die intensive Herbstfärbung genießen und obendrein das schmackhafte Wildobst vernaschen. Wer nicht ernten möchte oder gerade verhindert ist: Vögel und Kleinsäugetiere wie Eichhörnchen oder Haselmaus erledigen die Arbeit – Sie kommen nie in Stress!

In diesem Sinne wünsche ich Ihnen schöne Naturerlebnisse, reiche Ernten an Wildobst und einen guten Appetit.

Markus Strauß

Einführung

Im ersten Band dieser Reihe („Die 12 wichtigsten essbaren Wildpflanzen") standen die als Kraut wachsenden Pflanzen im Mittelpunkt, die zumeist als Salate, Vorspeisen und Gemüsebeilagen zubereitet werden. Im zweiten Teil folgten die herzhaften und gehaltvollen Gerichte aus den Früchten von Waldbäumen („Köstliches von Waldbäumen"). Mit diesem dritten Buch über Wildobst von Hecken und Sträuchern sind wir sozusagen beim Dessert angekommen.

Felsenbirne

Einige Wildobstgehölze bieten leckere Naschfrüchte, die gleich roh verzehrt werden können. Dazu zählen Kirschpflaumen, Kornelkirschen oder auch Felsenbirnen mit ihrem süßsauren Aroma, das an Marzipan und Heidelbeeren erinnert. Andere Wildfrüchte wie Vogelbeere und Holunder sind roh ungenießbar, können aber zu überaus schmackhaften Speisen verarbeitet werden. Die Beschäftigung mit den wilden Gaumenfreuden von Hecken und Sträuchern erschließt eine erstaunliche Bandbreite an Verwendungsmöglichkeiten. Aus wilden Blüten und Früchten lassen sich zum einen ganz unterschiedliche Getränke zubereiten: Tee, Bowle, Punsch und besonders Sirup, aus dem Limonade und Saft hergestellt werden. Die Fruchtsäfte kann man wiederum zu Wein und Essig weiterverarbeiten. Sie können die Beeren frisch vom Busch verzehren, in getrockneter Form lagern oder als Zutat in Saucen, Brotaufstrichen, Pfannkuchen, Cremes und Sorbets genießen. Müssen die Früchte vor dem Verzehr erhitzt werden, bietet sich oft die Zubereitung von Fruchtmus an: Dazu wird das Wildobst zunächst gekocht und passiert. In dieser konzentrierten, vorbereiteten Form dient es als Grundlage für allerlei Zubereitungen wie Suppen, Desserts und Chutneys. Das Fruchtmus kann in Gläser abgefüllt werden und bietet so eine vorbereitete und haltbare Grundlage für schnelle Leckereien. Zur Vorratshaltung für die kalte Jahreszeit eröffnet sich weiterhin ein ganzes Sortiment an Marmelade, Gelee und Kompott. Sie sehen: Es gibt viele Gelegenheiten, um die intensiven Aromen und wertvollen Inhaltsstoffe der wilden Köstlichkeiten auf den Tisch zu bringen! Einige der vorgestellten Arten sind zudem in der Volksmedizin und teilweise auch in der Schulmedizin als Heilpflanzen bekannt. Aus dem Sammelgut lassen sich also auch Heilmittel für die Hausapotheke selbst herstellen.

Da wilde Sträucher und Hecken nicht durch Züchtung genormt wurden, ist ein interessantes Phänomen bemerkenswert, das auch den Geschmack der Früchte betrifft: Innerhalb derselben Art sind oft ganz unterschiedliche Eigenschaften festzustellen! Wuchshöhe und -form, Fruchtgröße und -farbe und selbst der Geschmack können stark variieren. Besonders gut zu beobachten ist das bei Kirschpflaume, Kornelkirsche und Schlehe. Einige Kirschpflaumenfrüchte sehen wie Kirschen aus, andere eher wie Pflaumen. Manche sind rot, andere gelb – es gibt aber auch violette. Das Geschmacksspektrum reicht von Kirsche bis Pflaume und darüber hinaus! Manche Exemplare sind süß, andere mehr oder weniger sauer, einige schmecken fad, wieder andere sind herrlich aromatisch. Wir haben es hier mit einer vielfältigen, bunten Pflanzenwelt zu tun, die je nach Exemplar, Standort und Umwelteinflüssen sehr individuell aussehen und schmecken kann. Lassen Sie sich also nicht beirren, falls beispielsweise eine Kornelkirsche einmal wenig oder sauer schmeckt. Die gleiche Frucht kann, zwei Wochen später und von einem anderen Strauch gepflückt, herrlich süß und aromatisch sein. In der Welt der essbaren Wildpflanzen wird es nie langweilig und auch das macht sie aus.

Verallgemeinern lässt sich jedoch: Bei allen Früchten bilden sich die wertvollsten Inhaltsstoffe erst in der letzten Phase der Reifeperiode. Es ist daher grundsätzlich empfehlenswert, nur voll entwickelte Früchte zu ernten, da sie ansonsten sauer oder bitter schmecken. Vollreifes Wildobst hat dagegen ein intensiv fruchtiges, oft süßsaures Aroma. Nach der Ernte sollte man die Wildfrüchte in einem luftigen Korb transportieren und baldmöglichst verarbeiten, bestenfalls am selben Tag. Fehlt dazu die Zeit, kann man sie auch zunächst einfrieren.

Hagebuttenstrauch am Waldrand

Auch in städtischen Gebieten können Sie die Früchte von Hecken und Sträuchern sammeln und verarbeiten. Dabei sollte allerdings ein ausreichender Abstand zu befahrenen Straßen eingehalten werden: 200–500 m reichen aus. Ebenso sollte man Wildgehölze, die dicht an intensiv landwirtschaftlich genutzten Flächen stehen, beim Sammeln außer Acht lassen (Pestizide).

Viele Wildfrüchte verrotten, nachdem sie überreif vom Baum gefallen sind. So auch bei den Kirschpflaumen, die oft Jahr für Jahr ungenutzt verderben – während gleichzeitig Pflaumen von schlechterer Qualität und Geschmack im Supermarkt gekauft werden. Es ist sinnvoll, diese wertvolle wilde Kost für uns zu nutzen! Gleichzeitig gebieten Respekt und Verantwortung für die Natur, einzelne Pflanzen nicht komplett abzuernten.

Einige Wildobstarten reifen folgernd; es sind also nicht alle Früchte zum selben Zeitpunkt reif*. Falls die Ernte kleiner ausfällt als erwartet, kann man die Wildfrüchte sehr gut mit Kulturäpfeln, -birnen oder -quitten kombinieren. Oft ergeben sich gerade aus solchen Mischungen ganz wunderbare Aromen. Also: Auf die Hecke, fertig, los!

* **Tipp** Es gibt dazu ein praktisches Poster „Selbstversorger-Ernteplaner". Dieser zeigt auf einen Blick, wann jeweils der beste Zeitpunkt für die Ernte ist. Er ist im Handel erhältlich und kann auch gegen Berechnung bestellt werden (Bestellnr. 26904) bei Hädecke Leserservice, Postfach 1203, D-71256 Weil der Stadt, oder per eMail über info@haedecke-verlag.de.

Vitamingehalt von Wildobst in 100 g essbarem Anteil (Mittelwerte)

	Sanddorn (nur Fruchtfleisch)	Holunderbeere	Hagebutte	Vogelbeere	Kornelkirsche
Betacarotin (mg)	1,5	0,36	4,8	2,45	k. A.
Vitamin B_1 (mg)	0,034	0,065	0,058	k. A.	k. A.
Vitamin B_2 (mg)	0,21	0,078	0,067	k. A.	k. A.
Nicotinamid (mg)	0,26	1,48	0,48	k. A.	k. A.
Vitamin C (mg)	100–1200	18	500–1700	40	70–90

Quellen: Franke, W.: Nutzpflanzenkunde (S. 154, 2007).

Hinweis: Die Vitamin-C-Angaben zu Sanddorn und Hagebutte werden in der Literatur höchst unterschiedlich wiedergegeben. Die ohnehin natürlichen Unterschiede bei der Ernte (Standort, Witterung, Reifegrad) werden durch spezielle Züchtungen gerade bei diesen beiden Früchten noch verstärkt, sodass in den verschiedenen Quellen teilweise wesentlich höhere Vitamin-C-Angaben zu finden sind.

Praktische Hinweise

Schraubdeckelgläser/Flaschen sterilisieren und lagern

Um verarbeitetes Wildobst längere Zeit aufzubewahren, können Sie es in sterilisierte Schraubdeckelgläser oder Flaschen abfüllen. Dazu werden die Behälter zunächst gründlich gespült. Dann sterilisieren Sie die Gläser und Deckel für mindestens zehn Minuten in einem Topf mit kochendem Wasser. Die beste Haltbarkeit erreicht man, wenn die Gläser beim Befüllen mit der heißen Fruchtmasse selbst auch noch heiß sind. Sie können nach dem Sterilisieren mit einer Spaghettizange oder Kochhandschuhen und Kochlöffel aus dem Topf geholt werden. Zur Lagerung sind dunkle Gläser sinnvoll. Stellen Sie diese an einen dunklen, kühlen Ort. Getrocknete Blätter und Blüten kann man in Teedosen aufbewahren.

Gelierprobe

Dieser kurze Test verrät, ob Marmelade und Gelee die richtige Konsistenz haben. Geben Sie dazu einfach etwas von der kochenden Fruchtmasse auf einen kühlen Teller: Wird die Masse fest, ist die Marmelade/das Gelee fertig.

Stäbchenprobe

Um erkennen zu können, ob ein Kuchen schon fertig gebacken ist, macht man eine Stäbchenprobe: Bleiben Teigkrümel am schräg eingesteckten Holzstäbchen kleben, muss der Kuchen noch weiterbacken. Er ist fertig, wenn das Stäbchen sauber bleibt.

Trocknen von Pflanzenteilen

Blätter, Blüten und (je nach Größe zerteilte) Früchte können zur Lagerung getrocknet werden. Dabei bleiben alle Nähr- und Vitalstoffe erhalten. Man muss jedoch darauf achten, dass die Temperatur beim Trocknen 40 °C nicht übersteigt. Am einfachsten und effektivsten ist ein Dörrgerät mit Temperaturregler. Kräuter werden darin bei 40 °C in drei bis sieben Stunden (abhängig vom Wassergehalt der Blätter) getrocknet. Für Apfelringe muss das Gerät bei dieser niedrigen Temperatur über Nacht laufen. Es geht aber auch bei geringster Wärmezufuhr im Backofen: Dazu einen Kochlöffel in die Klappe des Backofens stecken, damit die Feuchtigkeit entweichen kann. Hier dauert der Vorgang bei Früchten etwa drei Stunden, bei Blüten und Blättern entsprechend kürzer. Sie können die Pflanzenteile auch auf einen luftdurchlässigen Rost legen und diesen in die Nähe eines Heizofens stellen. Dazu sollten die Temperaturen aber möglichst konstant bleiben und keinesfalls 40 °C übersteigen. Am einfachsten ist es, Blüten und Blätter – je nach Jahreszeit – an einem luftigen, trockenen, schattigen Platz auf Papier oder Karton auszubreiten. Viele sind auch dazu geeignet, um sie büschelweise aufzuhängen. Immer gilt: Wenn Blätter oder Blüten bei Berührung rascheln, sind sie trocken. Blätter lassen sich durch vorsichtiges Reiben („Rebeln") grob zerkleinern und von den Stängeln lösen. Die getrockneten Pflanzenteile werden kühl, trocken, dunkel und gut verschlossen in beschrifteten Schraubdeckelgläsern gelagert und sind auf diese Weise bis zu einem Jahr haltbar.

Wasser

In den Getränkerezepten oder auch für Gelees verwenden wir reines Wasser. Damit ist stilles Wasser gemeint, das entweder sauberes Quellwasser sein kann oder gereinigtes Leitungswasser (z. B. durch Umkehrosmose). Reines Wasser zeichnet sich dadurch aus, dass es einen geringen Mineraliengehalt aufweist – also nicht hart ist – und einen niedrigen Leitungswert besitzt.[1]

Knicks

Von Gehölzen bewachsene Streifen im Gelände, auch Wallhecken genannt. Die Hecken aus Bäumen und Sträuchern fußen oft auf künstlich errichteten Wällen aus Erde, Torf oder Steinen. Knicks prägen unsere Kulturlandschaft und sind Lebensraum für zahlreiche Säugetiere, Vögel und Insekten.

Lesesteinhaufen

Auf landwirtschaftlichen Feldern gesammelte Steine, die an Feldrändern aufgeschichtet werden: ein Standort für Sträucher und Hecken.

[1] Weitere Informationen zu diesem Thema und warum reines Wasser wichtig für unsere Gesundheit ist, können Sie dem Buch „Trinkwasser & Säure-Basen-Balance" entnehmen, das der Autor zusammen mit Dr. Hilmar Burggrabe bei NaturaViva verfasst hat (ISBN 978-3-935407-05-2).

Berberitze, Sauerdorn

Berberis vulgaris

Porträt

Die Berberitze gehört zur Familie der Berberitzengewächse (Berberidaceae). Ihr Verbreitungsgebiet reicht von Südeuropa über den Balkan und Mitteleuropa bis nach Westasien. Der Strauch benötigt ein sommerwarmes Klima, kann aber auch winterliche Fröste überstehen; er ist bestens an unser Kontinentalklima angepasst. Sogar längere Trockenperioden schaden der Pflanze nicht. Sie wächst dicht verzweigt und ist mit Dornen bewehrt. Da Berberitzen zudem gut schnittverträglich sind, gelten sie als ideale Heckenpflanzen. Sie werden gerne in kleinen Gärten gepflanzt; auch auf Grünstreifen in den trocken-heißen Innenstädten sieht man sie recht häufig. Dabei kommen heute vor allem die mit der „Gewöhnlichen Berberitze" verwandten Arten und Züchtungen zum Einsatz, deren Früchte ebenfalls essbar sind.

Die frühere kulinarische und wirtschaftliche Bedeutung der Berberitze ist heute fast in Vergessenheit geraten. Nur der ebenfalls gebräuchliche Name „Sauerdorn" zeugt noch davon: Bevor Zitronen bis nach Mitteleuropa gehandelt wurden oder man sie hierzulande anbaute, wurde der saure und sehr Vitamin-C-reiche Saft aus Berberitzenbeeren zum Säuern von Speisen verwendet. Auch Essig stellte man daraus her. Das harte und dichte Holz des Sauerdorns besitzt eine charakteristische gelbe Farbe; es wird für Intarsien und Drechslerarbeiten genützt. Der Hauptwirkstoff Berberin (besonders in Holz und Wurzel) dient heute noch zum Gelbfärben von Wolle, Leinen, Seide und Leder. Da die Berberitze die Wirtspflanze des gefürchteten Getreiderostes ist, durfte sie über viele Jahre hinweg nicht angepflanzt werden. Heute besteht das Anbauverbot nicht mehr.

Wuchs und Aussehen Der Sauerdorn wächst als dicht verzweigter Strauch von 1–2 m, selten 3 m Höhe. Junge Pflanzen haben eine aufrechte Wuchsform. Später bilden sich jedoch stark überhängende Zweige aus, die bei Erdkontakt wieder bewurzeln können. Durch diese Art von vegetativer Vermehrung kann es zur Bildung von ganzen Dickichten kommen. Die undurchdringbaren Gebüsche bestehen dann, genetisch betrachtet, aus einer einzigen Pflanze. Charakteristisch für die Berberitze ist die gelbe Farbe des Holzes. Auch das Wurzelholz erscheint in kräftigem Gelb. Kennzeichnend sind auch der büschelige Wuchs der Blätter in den Dornachsen, der rötliche Austrieb im Frühjahr und die leuchtend orange Herbstfärbung. Die 2–4 cm großen Blätter stehen wechselständig, haben eine verkehrt eiförmige Form und sind gezähnt. Die Rinde junger Triebe ist kantig gefurcht und mit 1–2 cm langen, dreiteiligen Dornen bewehrt. Die Blüten der Berberitze erscheinen im Mai. Zahlreiche der kleinen, kräftig gelben und stark duftenden Einzelblüten sind in etwa 2 cm langen, hängenden Trauben zusammengefasst. Aus diesen bilden sich zunächst grüne, länglich geformte, etwa 1 cm lange Beeren. Sie nehmen im September eine auffallend leuchtende, rote bis dunkelrote Farbe an.

Typisch: Neben den Blüten und den Wurzeln erscheinen auch das Holz und der Pflanzensaft der Berberitze in leuchtendem Gelb. Brechen Sie einfach einen kleinen Zweig ab – das gelbe Innere ist deutlich erkennbar.

Vorkommen In Mitteleuropa kommt die Berberitze am häufigsten im klimatisch kontinentaleren Südosten und im Alpenraum vor, wo man sie bis zu einer Höhe von etwa 1700 m findet. Der Sauerdorn liebt sonnige Standorte auf kalkhaltigen Böden. Mit lichtem Halbschatten kommt der Busch noch zurecht; er wächst aber nie im Schatten. Dementsprechend findet man ihn in sonnigen Lagen am Rand von Gebüschen und Hecken, an südexponierten Waldrändern sowie als Unterwuchs in sehr lichten Wäldern.

Charakteristische Inhaltsstoffe und Heilwirkungen Die Früchte enthalten sehr viel Vitamin C, Karotinoide, reichlich Fruchtsäuren (Apfelsäure u. a.), Zucker, Pektin und Mineralien. Die Berberitze ist keine klassische Heilpflanze. In der Volksmedizin wird der Verzehr der Beeren und das Trinken des Berberitzensaftes jedoch zur Appetitanregung, bei Fieber, Verstopfung, Erkrankungen des Magen-Darm-Traktes, Gelbsucht und chronischen Hauterkrankungen empfohlen. In der indischen Ayurveda-Heilkunde gelten die Beeren als eines der wirksamsten Mittel, um Gifte im Körper zu neutralisieren und auszuscheiden. Blätter und Rinde enthalten dagegen giftige Alkaloide und sollten in der Selbstmedikation keine Verwendung finden.

Sammeltipps

Geerntet werden die dunkelroten Beeren des Sauerdorns. Wie bei allen Früchten, bilden sich auch bei den Berberitzenbeeren die wertvollsten Inhalts- und Geschmacksstoffe erst in der letzten Phase der Reifeperiode. Es ist daher grundsätzlich empfehlenswert, nur voll ausgereifte Früchte zu ernten. Bei der Berberitze sollte man sich gedulden, bis die Beeren eine leuchtend dunkelrote Farbe angenommen haben. Das ist in der Regel erst Mitte bis Ende September der Fall. Bei der Ernte ist es sinnvoll, die Hände mit Arbeitshandschuhen vor den Dornen zu schützen. Wenn Sie sich dadurch beim Pflücken eingeschränkt fühlen: Halten Sie mit der linken Hand im Handschuh die dünnen, in Bogen hängenden Zweige fest. Jetzt können Sie mit der rechten, bloßen Hand ohne Handschuh vorsichtig die in kleinen Büscheln herabhängenden Beeren abpflücken. Linkshänder ernten entsprechend mit der linken Hand und tragen den Handschuh rechts.

Verwendete Pflanzenteile und Erntezeit Abgesehen von den Beeren sind alle Teile der Berberitze – auch die Blüten – schwach giftig! In alter Literatur wird auf die Verwendung der jungen Blätter als Tee, Suppeneinlage und Würzmittel hingewiesen. Der Geschmack soll dem des Sauerampfers ähnlich sein. Da der Verzehr der Blätter jedoch zu Übelkeit und Durchfall führen kann, wird an dieser Stelle ausschließlich der Genuss der Beeren empfohlen. Wie in Band 1 der Reihe Natur & Genuss „Die 12 wichtigsten essbaren Wildpflanzen" dargestellt, steht gesundes und bekömmliches Blattgemüse aus der Natur fast ganzjährig zur Verfügung – und zwar in Hülle und Fülle. Es besteht also keinerlei Notwendigkeit, hier ein Risiko einzugehen.

Beeren	September, Oktober

Rezepte

Die Beeren des Sauerdorns haben einen säuerlichen, zitronenartigen, aber dennoch angenehmen Geschmack.

Berberitzensaft Dieser leuchtend rote Saft ist ein wahrer Krafttrunk. Man entsaftet die Beeren am einfachsten in einem Dampfentsafter. Wenn kein solches Gerät zur Verfügung steht: Die gewaschenen, entstielten Früchte in eine hitzebeständige Glasschüssel geben. Zugedeckt in einem Wasserbad aus kochend heißem Wasser ziehen lassen. Setzt sich Saft in der Schüssel ab, wird er vorsichtig mit einer Schaumkelle abgeschöpft. Dieser Vorgang nimmt im Gegensatz zur Zubereitung in einem Dampfentsafter einige Stunden in Anspruch. Die restliche Flüssigkeit zum Schluss durch ein Sieb abtropfen lassen. Den Saft immer erst bei der Zubereitung süßen.
Soll ein Vorrat angelegt werden, den kochend heißen Saft sofort in sterilisierte Flaschen abfüllen und verschließen (siehe Seite 10). Dabei sind kleine Flaschen empfehlenswert, da Berberitzensaft vor allem als Würzmittel oder gering dosierte Zutat verwendet wird.

Berberitzenbeeren als Trockenfrüchte Die frischen, gewaschenen, entstielten Früchte können roh verzehrt werden, sie lassen sich aber auch trocknen – am einfachsten und effektivsten auf einem Dörrgerät mit Temperaturregler oder im Backofen bei maximal 40 °C (siehe Seite 10). Kühl, trocken und gut verschlossen gelagert, sind sie so bis zu einem Jahr haltbar. In der indischen und persischen Küche werden die getrockneten Früchte auf vielfältige Weise verwendet, besonders zum süßsauren Würzen von Fleisch, Reis und Fisch. Sauerdornbeeren eignen sich auch als gesunder Snack zwischendurch und sind eine hervorragende Beigabe zu Müsli oder Studentenfutter. Sie können, ähnlich wie getrocknete Hagebutten, auch als Teeaufguss verwendet werden.

***Rezept-Tipp:** Probieren Sie die dekorativen roten Beeren doch einmal als Rosinenersatz: eine frische, fruchtige Abwechslung für Kuchen und Gebäck! Die rohen oder getrockneten Beeren sind aufgrund des geringen Zuckergehalts auch für Diabetiker empfehlenswert.*

Berberitzen-Pfirsich-Limonade

Berberitzengelee

900 ml Berberitzensaft (siehe oben) • 500 g Gelierzucker aus Rohrohrzucker (1:3)

Den Berberitzensaft in einem Topf mit dem Gelierzucker vermengen. Unter ständigem Rühren zum Kochen bringen und mindestens drei Minuten sprudelnd kochen lassen. Das Gelee nach erfolgreicher Gelierprobe in die sterilisierten Schraubdeckelgläser füllen, diese sofort fest verschließen (siehe Seite 10). Die Gläser für einige Minuten auf den Kopf stellen und dann normal stehend langsam auskühlen lassen. Ein süßsaurer Genuss mit Pfiff!

Heiße Berberitze Dieses Getränk ist eine gute Alternative zur „Heißen Zitrone". Es wärmt und stärkt die Abwehrkräfte! Dazu 1–2 EL Berberitzensaft (siehe oben) in eine Tasse geben und mit heißem Wasser übergießen. Nach Belieben mit 1–2 TL Honig süßen und umrühren.

Berberitzen-Pfirsich-Limonade

4–8 EL Berberitzensaft (siehe oben) • 1 l reines Wasser • ½ l Pfirsichsaft

Diese erfrischende Abkühlung an heißen Sommertagen schmeckt auch Kindern gut. In einer großen Glaskaraffe den Berberitzensaft mit Wasser und Pfirsichsaft aufgießen, dann umrühren. Gekühlt servieren!

Variante mit Schuss: Berberitzen-Pfirsich-Sekt

2 kleine Pfirsiche (z. B. weißfleischige Weinbergpfirsiche) • 1 ½ l Berberitzen-Pfirsich-Limonade (siehe oben) • 0,7 l trockener Rieslingsekt

Die Pfirsiche waschen, entkernen und in kleine Stückchen schneiden. In die gut gekühlte Berberitzen-Pfirsich-Limonade geben. Unmittelbar vor dem Servieren mit dem Rieslingsekt aufgießen.

Rezept-Tipp: Überall, wo Zitronensaft oder Essig zum Würzen von Speisen verwendet wird, schmeckt auch Berberitzensaft gut – beispielsweise zum Abschmecken von Suppen, Saucen, Linsengerichten oder Chutneys.

Felsenbirne

Amelanchier ovalis

Porträt

Die Felsenbirne zählt zur Familie der Rosengewächse (Rosaceae). Von den 25 Arten der Gattung Amelanchier sind fast alle in Nordamerika heimisch. Nur zwei Arten kommen von Natur aus in Europa vor, in Ostasien ist es lediglich eine. Der Name „Amelanche" ist keltischen Ursprungs und bedeutet „Äpfelchen". Alle Felsenbirnen wachsen als Strauch, bieten eine attraktive Blüte, wohlschmeckende Früchte und fallen im Herbst durch eine außergewöhnlich intensive Blattfärbung auf. Felsenbirnen sind sehr einfach zu kultivieren: Sie stellen keine hohen Ansprüche an die Bodenqualität und sind tolerant gegenüber Hitze, Trockenheit und Frost. Diese Eigenschaften ließen die Felsenbirne in Nordamerika und Europa zu einem beliebten Zierstrauch in Gärten und öffentlichen Grünanlagen werden. Dabei wird der Busch oft an prominenten Orten gepflanzt, beispielsweise im Innenhof des Bundeskanzleramtes in Berlin. Die bei uns in Mitteleuropa heimische *Amelanchier ovalis* wird auch „Gewöhnliche Felsenbirne" genannt. Das weist darauf hin, dass sie eine einheimische Art ist, im Gegensatz zu den aus Amerika eingeführten Exemplaren. Die „Gewöhnliche Felsenbirne" kommt weiterhin in Südeuropa, Nordafrika und in Kleinasien vor. Alle Arten bilden essbare Früchte aus. Aufgrund eines geringen Gehalts an Blausäure in den Früchten sollten insbesondere Kinder keine großen Mengen an rohen Früchten verzehren. Beim Erwärmen der Früchte in einem offenen Topf über 26 °C entweicht die Blausäure.

Wuchs und Aussehen Das Gehölz wird bis zu 4 m hoch und gedeiht als aufrecht wachsender Strauch mit lockerer Verzweigung. Nur zu Zierzwecken wird Amelanchier auch auf Hochstämme veredelt. Die jungen Triebe sind zunächst weiß befilzt; das ausgereifte Holz ist jedoch kahl, glatt und graubraun berindet. Auch die neu austreibenden Blätter sind weiß befilzt, was sich jedoch nach einigen Wochen vollständig verliert. Die Blätter stehen wechselständig, sind 2,5–4 cm lang und oval. Die Blüten erscheinen vor dem Blattaustrieb Ende April/Anfang Mai. Sie sind reinweiß, sternförmig und stehen in kurzen Trauben. Bis zum Hochsommer im Juli entwickeln sich aus den Blüten dunkelblaue bis schwarze Früchte. Diese sind rund, 8–10 mm dick, fleischig-saftig und schmecken sehr aromatisch! Im Herbst erfreut die Felsenbirne uns Pflanzenfreunde aufs Neue – mit einer außergewöhnlich schönen Laubfärbung, die von orange bis scharlachrot reichen kann.

Typisch: Im Frühling ist der Strauch an den weiß befilzten Trieben zu erkennen, die Früchte im Juli sehen ähnlich aus wie Heidelbeeren – und im Herbst fällt die intensive Färbung der Blätter ins Auge.

Vorkommen Der Strauch ist an sonnigen, südexponierten Standorten anzutreffen. Hier kommt er auch mit mageren Böden, felsigen Abhängen und Felsspalten zurecht. Wichtig sind warme, kalkhaltige und durchlässige Standorte. Die Felsenbirne wächst häufig am Rand von lichten Gebüschen und Hecken. Auch an sonnigen Waldrändern oder in lichten Kiefern- und Eichenwäldern gedeiht sie gut. Wer nicht so lange in der freien Natur suchen möchte, findet die Sträucher leicht in vielen Gärten, Parks und auf Friedhöfen. In den meisten Fällen handelt es sich hier um amerikanische Verwandte der einheimischen *Amelanchier ovalis* – ihre Beeren sind in Aussehen und Geschmack fast identisch mit den Früchten unserer einheimischen Art.

Charakteristische Inhaltsstoffe und Heilwirkungen Die Früchte enthalten reichlich Fruchtzucker, Vitamine und viele wertvolle Mineralien: Eisen, Phosphor, Magnesium, Kalzium und Kalium. Die Felsenbirne ist keine Heilpflanze, und auch aus der traditionellen Volksmedizin sind keine spezifischen Anwendungen bekannt. Heute weiß man jedoch, dass die Farbstoffe von dunkel gefärbten Früchten und Beeren, die sogenannten Anthozyane, oxidativem Stress entgegenwirken; sie haben also eine antioxidative Wirkung. Die reifen, dunkelvioletten Früchte der Felsenbirne stärken das Immunsystem.

Sammeltipps

Die hübschen weißen Blüten erscheinen zwischen Ende April und Mai. Die süßen Früchte sind im Hochsommer reif und lassen sich problemlos ernten, da die Sträucher locker verzweigt sind, keine Dornen haben und relativ kleinwüchsig sind. Der Strauch reift folgernd; es sind also nicht alle Beeren zum gleichen Zeitpunkt reif. Auch bei diesem Wildobstgehölz empfiehlt es sich, nur voll ausgereifte Früchte zu ernten.
Die fleischig-saftigen Beeren sind auch bei Singvögeln sehr beliebt, besonders bei Amseln und anderen Drosseln. Die grünen, unreifen Früchte werden zunächst rot und nehmen im ausgereiften Zustand eine dunkelviolette Farbe an. Sobald die Beeren rot leuchten, sind die Vögel zur Stelle. Es kann also leicht passieren, dass man das Nachsehen hat und vergeblich darauf wartet, vollreife Früchte ernten zu können. Das Bedecken einzelner Büsche oder Zweige mit einem Netz kann hier sinnvoll sein. Sind Sie Gartenbesitzer? Überlegen Sie doch einmal, statt einer „normalen" Hecke, die im Formschnitt gehalten wird, eine Wildobsthecke anzulegen. Aufgrund des hohen Zierwertes, der problemlosen Kultur und der leckeren Früchte sind Felsenbirnen besonders zu empfehlen!

Verwendete Pflanzenteile und Erntezeit

Blüten	Ende April bis Mai
Früchte	Juli

Rezepte

Die Beeren der Felsenbirne schmecken sowohl roh als auch in zubereiteter Form. Ihr Aroma erinnert an Marzipan, Bittermandeln und Heidelbeeren. Es gibt sogar eine neue Sorte, die sich „Pralinen-Baum“ nennt! Die noch roten Beeren schmecken süß mit einer leicht sauren Komponente; die vollreifen, dunkelvioletten Beeren sind honigsüß und besitzen eine etwas musige Konsistenz. Die weißen, wollfilzigen Blüten können als essbare Dekoration oder zum Bestreuen von Salaten und Desserts verwendet werden.

Süßer Brotaufstrich mit Felsenbirnen

250 g Felsenbirnen • 1 große, reife Banane • etwas Zitronen- oder Berberitzensaft (siehe Seite 15) • Zimtpulver

Felsenbirnen waschen und entstielen. Mit der Banane in eine Schüssel geben und im Mixer oder in der Küchenmaschine pürieren. Mit etwas Zitronen- oder Berberitzensaft sowie einer Prise gemahlenem Zimt abschmecken.

Rezept-Tipp: Die reifen Beeren eignen sich auch hervorragend zum Einlegen im Rumtopf!

Felsenbirnenkompott

1 Apfel • 1 Birne • 800 g Felsenbirnen • 400 ml reines Wasser • 1 EL Rohrohrzucker 1 Zimtstange • Zitronen- oder Berberitzensaft (siehe Seite 15)

Apfel und Birne schälen, entkernen und klein würfeln. Mit den gewaschenen, entstielten Felsenbirnen zusammen in einen Topf geben. Wasser, Rohrohrzucker und Zimtstange dazugeben, aufkochen und etwa fünf Minuten köcheln lassen. Auf niedriger Stufe weitere zehn Minuten zugedeckt ziehen lassen. Die Zimtstange herausnehmen, das Kompott mit etwas Zitronen- oder Berberitzensaft abschmecken und servieren. Es schmeckt gut zu den Pfannkuchen im folgenden Rezept!

Felsenbirnen-Mandel-Sorbet

Felsenbirnen-Pfannkuchen

200 g Dinkelmehl (Type 1050) • 2 Eier • 40 ml Sahne • 200 ml Wasser 2 TL Rohrohrzucker • 1 Prise Salz • etwas Butterschmalz, Ghee oder erhitzbares Pflanzenöl • 4 Handvoll Felsenbirnen • etwas Puderzucker

Dinkelmehl, Eier, Sahne, Wasser, Rohrohrzucker und Salz in einer Schüssel zu einem zähflüssigen Pfannkuchenteig verrühren. Eine Stunde quellen lassen. Das Fett in einer schweren Pfanne zerlassen und eine Schöpfkelle voll Teig hineingießen. Die Masse durch Schwenken der Pfanne gleichmäßig auf dem Pfannenboden verteilen. Den noch feuchten Pfannkuchen gleich mit einer Handvoll gewaschener, entstielter Felsenbirnen bestreuen. Weiter ausbacken, dann umdrehen und diese Seite fertig backen, bis der Pfannkuchen rundum hellbraun und knusprig ist. Auf Wunsch mit etwas Puderzucker bestreuen.

Felsenbirnen-Mandel-Sorbet

400 g Felsenbirnen • 250 g Mandelmus, gekühlt • 2 Datteln, entsteint etwas Wasser bei Bedarf

Die frisch gepflückten Felsenbirnen waschen und entstielen. In einen Plastikbeutel füllen und für einige Stunden im Gefrierschrank durchfrieren lassen. Das gekühlte Mandelmus in den Becher eines leistungsstarken Mixers füllen. Datteln dazugeben und zusammen mit den gefrosteten Felsenbirnen zu einem cremigen Sorbet verarbeiten. Falls die Messer des Mixers nicht gut greifen, etwas Wasser dazugießen.

Felsenbirnen-Marmelade

1 kg Felsenbirnen • Gelierzucker (1:2 oder 1:3)

Die frischen Felsenbirnen waschen und gründlich von den kleinen Stielen befreien. Zusammen mit der jeweiligen Menge Gelierzucker (siehe Packungsbeschrieb) wenige Minuten kochen lassen. Nach erfolgreicher Gelierprobe die Marmelade in sterilisierte Schraubdeckelgläser abfüllen (siehe Seite 10).

Haselnuss

Corylus avellana

Porträt

Am Ende der Eiszeit gehörte die Haselnuss zu den Pionierpflanzen, die das vom Eis befreite, kahle Erdreich neu besiedelten. Alte Torfschichten in Hochmooren belegen diese Tatsache. Die Haselnuss setzte sich im Anfangsstadium der Wiederbewaldung so dominant durch, dass diese Periode auch als Hasel-Zeit bezeichnet wird. Im Leben der nacheiszeitlichen Menschen spielte die Frucht eine ganz besondere Rolle: Die nahrhaften und für den Wintervorrat gut lagerfähigen Nüsse waren damals eines der wichtigsten Lebensmittel. Heute kommt der Haselstrauch, ein Mitglied der Familie der Birkengewächse (Betulaceae), in ganz Europa und Westasien vor. Er bevorzugt nährstoffreiche, tiefgründige Böden und kann auf günstigen Standorten über 100 Jahre alt werden. Viele seiner Eigenschaften kennzeichnen ihn als überaus robustes Pioniergehölz: Haselsträucher sind sehr frosthart und windresistent. Mit ihrem weitreichenden und fein verzweigten Wurzelsystem ist die Hasel in der Lage, auch auf Rohböden und schlechteren Standorten gut Fuß zu fassen und den Boden zu befestigen. Lediglich auf sehr sauren und sumpfigen Böden kann der Strauch nicht gedeihen. Die herbstliche Laubstreu verrottet schnell und ist ein sehr guter Bodenverbesserer – die Haselnuss düngt sich sozusagen selbst. Zudem besitzt sie eine außerordentliche Regenerationskraft: Sogar nach einem rigorosen Rückschnitt treibt der Strauch wieder stark aus und schießt erneut mit seinen langen, geraden Ruten in die Höhe.

Haselnüsse werden heute vor allem in der Süßwarenindustrie verarbeitet. Sie dienen als Zutat in Gebäck und Schokolade; Produkte wie Nugat oder Brotaufstrich werden daraus hergestellt. Haselnussöl schmeckt zwar sehr aromatisch, spielt aber aus wirtschaftlichen Gründen als Speiseöl nur eine untergeordnete Rolle. Anbauländer für Haselnüsse sind heute vor allem die Türkei und Italien.

Wuchs und Aussehen Die Hasel wächst als vielstämmiger Großstrauch und wird bis zu 6 m hoch. In der Jugend ist ihr Wuchs straff aufrecht. Im Alter entwickelt sie dagegen weit ausladende und überhängende Äste, die eine Art Schirmdach bilden können. Die Blätter sind rundlich geformt, 6–10 cm lang und stehen wechselständig an den Zweigen. Typisch sind die doppelt gesägten Blattränder. Haselnüsse sind wie Birken Windbestäuber: Die männlichen Blüten, die „Kätzchen", beginnen in milden Wintern schon im Januar, spätestens im März, zu blühen. Dann verteilen sie reichlich gelben Pollenstaub. Dagegen sind die weiblichen Blüten unscheinbarer; außer den sichtbaren kleinen, fadenförmigen, leuchtend roten Narben bleiben sie in ihrer Knospe versteckt. Daraus entwickeln sich dann die Haselnüsse, die einzeln oder in Gruppen bis zu vier Früchten zu finden sind. Charakteristisch für die Haselnuss ist ihre „Verpackung" – jede Nuss steckt in einer Art Becher mit gezacktem Rand. Die Nüsse sind 1,5–2 cm groß und werden im September und Oktober reif.

Typisch: Haselsträucher zu erkennen ist nicht schwer: Man muss den Blick lediglich schärfen, um sie wahrzunehmen! Dann genügt ein Stoffbeutel – oder auch nur eine Handtasche – und die Ernte kann beginnen.

Vorkommen Die Haselnuss ist ein charakteristischer Strauch Mitteleuropas. Man findet sie bevorzugt in Hecken, Feldgehölzen und sogenannten „Knicks" (siehe Seite 11). Sie ist aber auch häufig an Waldrändern und im Unterholz von lichten Wäldern vertreten. Am ertragreichsten sind Sträucher, die auf nährstoffhaltigen, tiefgründigen Böden in sonnigen Lagen stehen. An schattigen Standorten kann der Strauch zwar überdauern, produziert aber weniger Nüsse.

Charakteristische Inhaltsstoffe und Heilwirkungen Der Blütenstaub der männlichen Blütenkätzchen ist sehr proteinreich und für den Verzehr (z. B. im Müsli) geeignet. Die Nüsse enthalten 55–65 % Öl und 12 % Eiweiß! Außerdem bieten sie die Vitamine B1, B2 und E sowie große Mengen organisch gebundener Mineralien und Spurenelemente (2,4 g/100 g Nüsse). Die Haselnuss ist keine klassische Heilpflanze. Als außergewöhnlich gehaltvolles und gesundes Lebensmittel ist sie es jedoch wert, wieder stärker beachtet zu werden.

Sammeltipps

Haselnüsse sind ein begehrtes Sammelgut! Neben uns Wildpflanzen-Freunden interessieren sich auch viele andere Lebewesen für die leckeren Kraftpakete: Mäuse, Haselmäuse, Siebenschläfer, Eichhörnchen und Krähenvögel. Und damit nicht genug – schon ab Anfang September fallen die frühreifen Nüsse vom Busch. Diese sind meist wurmstichig und ungenießbar. Um die Ernte etwas effizienter zu gestalten, hat sich folgende Vorgehensweise bewährt: Mitte bis Ende September harkt man unter dem Strauch die Streu aus dem erstem Blattfall und den vielen wurmstichigen Nüssen weg. Jetzt können Sie an den Ästen rütteln und anschließend die reifen Haselnüsse aufsammeln. Dieser Vorgang lässt sich Anfang Oktober wiederholen, um die nachgereiften Früchte zu ernten.

Verwendete Pflanzenteile und Erntezeit

Nüsse	September, Oktober

Rezepte

Durch ihr ausgewogenes, harmonisches Nussaroma mit dem angenehmem Eigengeschmack sind die Nüsse des Haselstrauchs sowohl für Backrezepte als auch für Brotaufstriche erste Wahl.

Deftiger Brotaufstrich mit Haselnuss

3 EL Olivenöl • 1 Zwiebel, geschält • 250 g Haselnüsse, fein gemahlen
2 Knoblauchzehen, geschält • Salz, Pfeffer, Majoran

In einer Pfanne Olivenöl erhitzen und die klein gewürfelte Zwiebel darin glasig dünsten. Haselnüsse dazugeben und auf kleiner Flamme gut verrühren. Mit den ausgepressten Knoblauchzehen, Salz, Pfeffer und Majoran abschmecken. Die noch heiße Masse in sterilisierte Schraubdeckelgläser (siehe Seite 10) füllen. Verschließen und abkühlen lassen. Kühl gelagert ist der Aufstrich einige Tage haltbar.
Sein Geschmack entfaltet sich besser, wenn er etwa 15 Minuten vor dem Verzehr aus dem Kühlschrank genommen wird. Auf der Oberfläche kann sich Öl absetzen – das ist bei einem Produkt, das keine Emulgatoren enthält, völlig normal. Einfach umrühren, bis die Konsistenz wieder gleichmäßig cremig ist. Diese Hinweise gelten auch für den folgenden, süßen Brotaufstrich:

Variante: Süßer Brotaufstrich mit Haselnuss

200 g Haselnüsse • 200 g Blütenhonig

Die Haselnüsse am besten frisch mahlen, beispielsweise im Fleischwolf, mit einer Kaffee- oder Nussmühle oder einem dafür geeigneten Mixer. Die gemahlenen Nüsse mit dem Blütenhonig vermischen. Weist der Honig eine harte Konsistenz auf und lässt sich nur schlecht oder gar nicht vermengen, kann er behutsam in einem warmen Wasserbad etwas verflüssigt werden. Den fertigen Aufstrich in ein sterilisiertes Schraubdeckelglas (siehe Seite 10) abfüllen und innerhalb von zwei Wochen verbrauchen.

Haselnusskuchen mit Früchten

Haselnusskuchen mit Früchten

150 g weiche Butter • 150 g Rohrohrzucker • 3 Eier • 75 g Weizengrieß
200 g Weizen- oder Dinkelvollkornmehl • 150 g Haselnüsse, gemahlen
1 TL Backpulver • 1 Prise Salz • 300 g saftige Früchte, nach Geschmack und Angebot

Aus Butter, Rohrohrzucker, Eiern, Weizengrieß, Mehl, Haselnüssen, Backpulver und Salz einen Rührteig herstellen. Den Backofen auf 220 °C vorheizen (E-Herd: 180 °C Umluft). Die Früchte (beispielsweise Felsenbirnen, entsteinte Mirabellen oder Schattenmorellen aus dem Glas) unter den Teig heben. Obst wie Äpfel oder Birnen zuvor schälen, entkernen und in kleine Stücke schneiden. Den Teig in eine gefettete, bemehlte Kastenform füllen. Den Kuchen etwa eine halbe Stunde backen: Die Stäbchenprobe (siehe Seite 10) zeigt, wann er fertig ist.

Nudelsauce mit Haselnüssen

1 Zwiebel, geschält • 10 Haselnüsse, grob gehackt • 3 EL Olivenöl
100 ml Sahne • 300 ml Gemüsebrühe • 150 g Haselnüsse, fein gemahlen
1 EL Weizenmehl • 5 EL kaltes Wasser • 2 Knoblauchzehen, geschält
Salz, Pfeffer, nach Geschmack gerebelter Majoran oder Chilipulver

Die Zwiebel würfeln und mit den grob gehackten Haselnüssen im Olivenöl andünsten. Mit Sahne und Gemüsebrühe ablöschen, die gemahlenen Haselnüsse dazugeben und gut vermengen. Das Weizenmehl mit dem kaltem Wasser glatt rühren und die heiße Sauce damit unter kräftigem Rühren mit dem Schneebesen andicken. Mit gepresstem Knoblauch, Salz, Pfeffer, eventuell auch Majoran oder Chili abschmecken.

Haselnussöl Je nach Leistungsfähigkeit der Presse ergeben 2–2,5 kg Haselnusskerne etwa 1 l Öl. Es ist von hellgelber Farbe und erinnert im Geschmack an Mandelöl. Da es nur relativ kurz haltbar ist und leicht ranzig wird, muss das Öl vor Lichteinwirkung und Wärme geschützt werden. Es sollte in dunkle Flasche abgefüllt werden und an einem kühlen Ort stehen. Auf diese Weise lässt es sich problemlos drei bis vier Monate aufbewahren. Ungeöffnete Haselnüsse sind weitaus länger haltbar. Deswegen ist es empfehlenswert, die Nüsse einzulagern und bei Bedarf frisches Öl zu pressen. Haselnussöl schmeckt besonders gut zu Wintersalaten wie Rapunzel (Feldsalat), Endivie oder Zuckerhut.

Heckenrose

Rosa canina

Porträt

„Ein Männlein steht im Walde, ganz still und stumm. Es hat von lauter Purpur ein Mäntlein um..." Hier wird die Hagebutte besungen, und nicht etwa der Fliegenpilz, wie oft angenommen wird. Schon Kinder kennen die roten Früchte – die Nüsschen im Inneren der Beeren ergeben ein wirksames Juckpulver. Zwischen den Kernen befinden sich widerhakenbestückte Härchen, die den Juckreiz auslösen.

Für die Ernährung des Menschen erfüllte die Hagebutte einst eine ganz wichtige Funktion: In Kriegszeiten, als keine Zitrusfrüchte aus südlichen Ländern importiert werden konnten, mangelte es den Menschen an vitaminreichem Obst und Gemüse. Man besann sich auf die Vitamin-C-reichsten Früchte der heimischen Flora: Sanddorn, schwarze Johannisbeere – und Hagebutte. Die Früchte der Rose wurden als die „Zitronen unseres Himmels" gepriesen und auf vielfältige Weise zubereitet. Alle Rosen, auch die heute oft veredelten Sorten in Gärten und Parks, tragen essbare Früchte. Die häufigste Wildrose ist die „Gemeine Heckenrose". Auch sie ist ein Mitglied aus der Familie der Rosengewächse (Rosaceae). Auch die **Wein-Rose** (*Rosa rubiginosa*) ist in Deutschland weit verbreitet. Sie besiedelt ähnliche Standorte, bildet jedoch keine Ausläufer. Ihre Frucht- und Blütenstiele sind dicht mit Drüsenhaaren besetzt, die ein ätherisches Öl abgeben. Das Laub duftet nach reifen Äpfeln, besonders bei feuchter Witterung. Ebenfalls interessant für Wildpflanzen-Köche: Die **Apfel-, Kamtschatka-** oder **Kartoffel-Rose** (*Rosa rugosa*). Ihre besonders fleischigen Früchte eignen sich bestens zur kulinarischen Verarbeitung. Die Kartoffel-Rose stammt ursprünglich aus

Ostasien und gedeiht auch auf extrem mageren Sandstandorten. Sie wurde im Jahr 1854 in Deutschland eingeführt. Diese robuste Rose wird oft auf Grünstreifen bei Straßen und auf öffentlichen Grünflächen gepflanzt. Aus den dunkelrosa, bis zu 8 cm großen und stark duftenden Blüten entwickeln sich große, dickfleischige, rundliche Hagebutten. In den norddeutschen Heidegebieten und an den Küsten der Nord- und Ostsee wächst die Kartoffel-Rose verwildert und bildet einen festen Bestandteil der Vegetation. Hier gibt es auch weißblühende Exemplare.

Wuchs und Aussehen Die Heckenrose ist ein bis 3 m hoher Busch mit bogig überhängenden Zweigen. Der Strauch ist raschwüchsig und wird meistens genauso breit wie hoch. Auch durch Wurzelausläufer kann er sich ausbreiten, sodass sich mitunter ganze Dickichte bilden. Typisch für Rosen ist die Bewehrung mit Stacheln: Bei der Heckenrose sind sie 3–10 mm lang und gekrümmt. Sie sitzen an den Zweigen der Rose, kleine Widerhaken befinden sich auch an der Blattunterseite. Bei der Kartoffel-Rose sind die Triebe dicht filzig behaart und borstig bestachelt. Umgangssprachlich werden die Stacheln als „Dornen" bezeichnet, dies ist aus botanischer Sicht jedoch falsch. Dornen sind kurze, spitze Ausbildungen der Zweige selbst. Stacheln, wie bei der Heckenrose, werden aus der Rinde heraus gebildet. Sie sind daher nicht direkt mit dem Holz des Astes verwachsen und können leichter abbrechen. Die Blätter sind unpaarig gefiedert, bestehen in der Regel aus fünf oder sieben Einzelblättern, direkt unterhalb der Blüte auch nur aus drei. Die Blattränder sind scharf gesägt. Die duftenden Blüten werden aus je fünf Blütenblättern gebildet. Diese sind rosa gefärbt, seltener auch weiß. Die Blüte beginnt Ende Mai/Anfang Juni und dauert zwei bis drei Wochen. Daraus entwickeln sich bis zum Herbst die leuchtend roten, oval bis eiförmig geformten Früchte.

***Typisch:** Sie erkennen Hagebutten an der tiefroten bis orangen Farbe und dem schwarzen Käppchen, dem vertrockneten Blütenkelch. Sie sind etwa so groß wie ein 50-Cent-Stück.*

Vorkommen Die Heckenrose ist in ganz Europa sehr häufig anzutreffen. Wie alle Rosen benötigt auch sie einen sonnigen und eher trockenen Standort. An den Boden stellt sie keine besonderen Ansprüche. Wie der Name schon signalisiert: Die Heckenrose ist eine der typischen Heckenpflanzen. Man findet die Sträucher an sonnigen Waldrändern, auf Feldrainen, Lesesteinhaufen (siehe Seite 11), Böschungen, Heiden und Magerrasen, verwilderten Weinbergen und nicht mehr bewirtschafteten Wiesen.

Charakteristische Inhaltsstoffe und Heilwirkungen Das Fruchtfleisch der Hagebutten ist außerordentlich reich an Vitamin C (500–1700 mg/100 g, einige Quellen geben sogar bis zu 3000 mg/100 g an). Zudem sind die Vitamine A, K, P und B-Vitamine enthalten sowie bis zu 15 % Pektin, 3 % Fruchtsäuren, 14 % Zucker und 2–3 % Gerbstoffe. Karotinoide sind für das leuchtende Rot der Früchte verantwortlich. Die Hagebutte besitzt zudem viele wertvolle Mineralien! Die folgenden Werte gelten für 100 g Fruchtfleisch: 512 mg Kalium, 47 mg Natrium, 50 mg Kalzium, 122 mg Magnesium, 10 mg Eisen und 54 mg Phosphor.
Das Vitamin C der Hagebutte ist im Unterschied zu anderen Vitamin-C-Trägern sehr beständig – auch nach (kurzem) Kochen oder Überbrühen! Das wertvolle Vitamin übersteht auch die Zubereitung als Tee oder Hagebuttenmark unbeschadet und lässt sich so auch im Winter nutzen. Die Hagebutte wird zur Stärkung des Immunsystems

eingesetzt. Die Heilpflanze beugt Erkältungskrankheiten vor und unterstützt bei der Rekonvaleszenz nach Erkrankungen. Sie wird neuerdings auch bei Arthrose angewendet. Hagebuttentee wirkt anregend, unter anderem auf die Nierenfunktion. Deswegen sollte er nicht vor dem Schlafengehen getrunken werden. Der Tee hat auch eine leicht abführende Wirkung. Aus der Volksheilkunde bekannt sind Umschläge mit in Tee getränkten Tüchern. Diese wirken belebend und regulierend auf die Hautfunktionen. Das Gurgeln mit Hagebuttentee hilft bei einem entzündeten Rachen. Als Bachblüte „Wild Rose" steht sie in der Therapieform nach Dr. Edward Bach für Hoffnung und Lebensfreude.

Sammeltipps

Wer die edlen Blüten und Früchte von Rosen ernten will, muss sich zunächst gegen die Stacheln behaupten. Praktisch heißt das: Nehmen Sie Gartenhandschuhe mit. Die Blütenblätter sammelt man ausschließlich von frisch aufgeblühten Blüten – am besten morgens, nachdem der Tau abgetrocknet ist. Um die leicht flüchtigen ätherischen Öle der Blüten nicht zu verlieren, sollten Sie sofort nach der Ernte mit der Verarbeitung beginnen.

Im Gegensatz zu manch anderem Wildobst ist es bei Hagebutten ratsam, diese vollreif, aber vor dem ersten Frost zu ernten. Die Früchte können sonst schnell an Qualität verlieren. Anfang bis Mitte Oktober ist erfahrungsgemäß eine gute Erntezeit. Wer nahe an den Küsten wohnt oder im Herbst ein paar Urlaubstage dort verbringt, kann die großen und dickfleischigen Früchte der Kartoffel-Rose ernten. Diese lassen sich aufgrund ihrer Größe und Konsistenz etwas schneller verarbeiten.

Verwendete Pflanzenteile und Erntezeit

Blütenblätter	Ende Mai, Juni
Hagebutten	September, Oktober

Rezepte

Zubereitete Hagebutten weisen eine markante Fruchtsäure mit einer leichten Süße auf, sie besitzen einen ausgeprägten, aromatischen Eigengeschmack. Mit Zucker verarbeitet werden sie süß mit angenehmer Fruchtsäure.

Die Blütenblätter sind leicht säuerlich und besitzen neben einem leichten Mandelgeschmack zarte Rosen-Aromen. Sie werden als essbare Dekoration und als Aromengeber für Süßspeisen und Desserts verwendet. Getrocknet können sie der Haustee-Mischung beigefügt werden.

Hagebuttenmark bezeichnet eine Konfitüre aus Hagebutten und wird auch Hägenmark (schwäbisch), Hiffenmark (fränkisch) oder Buttenmost (schweizerisch) genannt. Aus etwa 2 kg erntefrischen Hagebutten lässt sich 1 kg Hagebuttenmark herstellen. Dazu die Früchte waschen und von Stielen und Käppchen befreien. In einen Topf geben und so viel reines Wasser dazugießen, dass die Früchte knapp bedeckt sind. Etwa 20 Minuten lang weich kochen. Dann die Masse durch eine Flotte Lotte (Passevite) drehen – Kerne und Härchen bleiben auf diese Weise im Sieb zurück. Das so gewonnene Hagebuttenmark kann jetzt mit einem Gelierzucker (1:3) eingekocht

Spaghetti mit Hagebutten-Sauce

werden. Dazu die Mengenangeben und Zubereitungshinweise auf der Packung des Gelierzuckers beachten. Gut geeignet ist ein Gelierzucker mit Apfelpektin und Zitronensäure. Nach erfolgreicher Gelierprobe das fertige Hagebuttenmark in die vorbereiteten, sterilisierten Schraubdeckelgläser abfüllen (siehe Seite 10).

Hagebutten trocknen Werden die Früchte für einen Tee getrocknet, kann das Innenleben der Früchte, also Kerne und Härchen mitverarbeitet werden. Da die Kerne ein vanilleartiges Aroma abgeben, wäre es schade, diese auszukratzen und wegzuwerfen. Im Hals können sie nicht mehr kratzen, da sie im Teebeutel oder Sieb hängen bleiben. Von den gewaschenen Früchten werden also nur Stiele und Käppchen entfernt. Die Früchte in kleine Stücke schneiden und im Dörrgerät oder im Backofen trocknen lassen (siehe Seite 10). Nach dem Auskühlen sofort in saubere, beschriftete Schraubdeckelgläser abfüllen. Diese dunkel und kühl lagern.

Hagebuttentee In fertigen Früchteteemischungen ist Hagebutte ein fester Bestandteil. Kinder trinken ihn besonders gerne. Durch den hohen Vitamin-C-Gehalt ist er ein ideales Getränk zur Stärkung der Abwehrkräfte. Dazu in einem Topf Wasser die getrockneten Hagebutten aufkochen (2 TL Früchte auf 1 Tasse Wasser). Zehn Minuten kochen lassen. Den Tee absieben und bei Bedarf mit etwas Honig süßen. Auf diese Weise enthält der Tee die höchstmögliche Konzentration an Vitamin C. Die Trägereigenschaften der Hagebutte für dieses Vitamin sind sehr günstig – auch Stunden nach dem Kochen enthält der Tee noch die gleiche, hohe Dosis an Vitamin C. Daher ist Hagebuttentee auch bestens zur Aufbewahrung in der Thermoskanne geeignet.

Hagebutten-Spaghetti-Sauce

500 g frische Hagebutten oder 150 g getrocknete Hagebuttenschalen • 0,7 l Wasser Salz, Pfeffer, Thymian, Oregano, Rosmarin, Cayennepfeffer • etwas Zitronen- oder Berberitzensaft (siehe Seite 15) • 1 EL Mehl • etwas kaltes Wasser

Für die Zubereitung dieser Speise werden ausschließlich die Schalen verwendet. Frische Früchte zunächst waschen, Stiele und Käppchen entfernen. Längs aufschneiden, Kerne und Härchen mit einem Messer auskratzen. Werden getrocknete Hagebuttenschalen verwendet, müssen diese vor der Zubereitung einige Stunden in warmem Wasser eingeweicht werden. Die Hagebuttenschalen mit dem Wasser in einen Topf geben (bei den getrockneten Früchten das Einweichwasser benutzen) und 20 Minuten lang kochen. Dann die Früchte mit dem Wasser zusammen pürieren oder durch eine Flotte Lotte (Passevite) drehen. Die fruchtige Masse in einen Topf geben.

Mit Salz, Pfeffer, Thymian, Oregano, Rosmarin, Cayennepfeffer und etwas Zitronen- oder Berberitzensaft würzen. Dann erneut aufkochen. Das Mehl mit etwas kaltem Wasser glatt rühren und die Sauce unter kräftigem Rühren mit dem Schneebesen damit andicken.

Rezept-Tipp: Für eine süße Variante dieser aromatischen Sauce lassen Sie einfach die pikanten Gewürze weg und schmecken stattdessen mit Rohrohrzucker, Zitronensaft und etwas süßer Sahne ab. Sehr lecker zu Dampfnudeln, Milchreis, Grießbrei oder -klößchen!

Rosenblütengelee

3 Handvoll duftende Rosenblütenblätter • 1 l reines Wasser • 500 g Gelierzucker (1:3)

Zur Herstellung dieses Gelees eignen sich nur stark duftende Blütenblätter. Besonders edel schmecken die Blüten der Damaszener-Rose, einer alten, gefüllt blühenden Rosensorte. Aber auch die Blätter der Heckenrose und der Kartoffel-Rose zaubern duftende Blütenfrische auf den Frühstückstisch. Wichtig: Verwenden Sie nur unbehandelte Blütenblätter, entweder selbst gepflückt oder in Bio-Qualität, nicht aus dem Blumenladen!

Die Rosenblätter und Staubgefäße von den Blüten abzupfen, nicht waschen! Beides mit dem Wasser in einen Topf geben und fast bis zum Siedepunkt erhitzen. Den Topf vom Herd nehmen und die Blüten zugedeckt über Nacht ziehen lassen. Am nächsten Tag die Masse durch ein Sieb geben, dabei die Flüssigkeit auffangen. Das so entstandene Rosenwasser (etwa 900 ml) in einem Topf mit dem Gelierzucker vermischen. Unter Rühren zum Kochen bringen. Nach 3–4 Minuten eine Gelierprobe machen und das fertige Gelee in die vorbereiteten, sterilisierten Schraubdeckelgläser abfüllen (siehe Seite 10). Diese sofort verschließen und einige Minuten auf den Kopf stellen. Dann herumdrehen und auskühlen lassen.

Mit gut gekühltem Prosecco aufgegossen, erhält man einen köstlichen Aperitif. Das Gelee harmoniert auch mit Käse und ist eine besondere Zutat für allerlei Desserts.

Rosenblütenzucker Blütenblätter und Staubgefäße von stark duftenden Blüten schonend trocknen (unter 40 °C und im Schatten). Die trockenen Blätter mit weißem oder braunem Zucker bzw. Rohrohrzucker im Verhältnis 1:2 bis 1:3 in einem Mahlbecher oder vorsichtig im Mixer (Intervallschaltung) zu feinem Rosen-Staubzucker verarbeiten. Den Zucker luftdicht in einem fest verschlossenen Schraubdeckelglas lagern.

Schwarzer Holunder

Sambucus nigra

Porträt

Der Schwarze Holunder zählt zur Familie der Geißblattgewächse (Caprifoliaceae) und ist weiträumig von Europa und Kleinasien bis ins westliche Sibirien verbreitet. Das Gehölz wird auch Fliederbeere, Holler oder Holder genannt. „Vor dem Holunder zieh' den Hut herunter" – diese alte Redensart belegt Verehrung und Respekt für eine der ältesten Nutz- und Heilpflanzen. Seine Verwendung ist seit der Steinzeit belegt. Hippokrates, der berühmteste Arzt der Antike, bezeichnete den Holunder wegen seiner Wirksamkeit und der vielseitigen Verwendungsmöglichkeiten als „Medizinschrank".
Im Lauf der Zeit rankten sich allerlei Mythen und Sagen um die beliebte Heilpflanze. So wurde der Holunder als Wohnsitz beschützender Hausgeister angesehen. Das Abholzen des Strauchs wurde dadurch praktisch unmöglich – sodass sich das auffällig häufige Vorkommen des „Hollerbuschs" in unmittelbarer Nähe von Gebäuden nicht nur mit seiner Vorliebe für stickstoffreiche Standorte erklären lässt. Der Holunder ist eine Zeigerpflanze für Wetter und Jahreszeiten: Seine Blüte läutet den Frühsommer ein, die Beeren zeigen den Frühherbst an.
Der **Rote Holunder** oder **Trauben-Holunder** (*Sambucus racemosa*) ist eng mit dem Schwarzen Holunder verwandt.

Wuchs und Aussehen Schwarzer Holunder wächst meist als mehrstämmiger Strauch, seltener als kleiner Baum und erreicht Höhen von 3–7 m. Der Wuchs ist breitbuschig und locker. Typisch sind die in Bögen überhängenden Zweige bei betagteren Exemplaren. Die Äste und auch das ältere Holz sind innen hohl und mit weißem Mark gefüllt. Altes Holz ist mit auffallend korkiger, tief gefurchter Borke geschützt. Die unpaarig gefiederten Blätter stehen gegenständig am Zweig. Der Laubaustrieb beginnt sehr früh, in milden Wintern schon ab Ende Februar. Der Blattfall erfolgt erst spät und fast ohne Färbung. Die cremeweißen, angenehm duftenden Blüten erscheinen im Juni und Juli, in klimatisch begünstigten Gegenden schon ab Mai. Zahlreiche winzige Einzelblütchen sind dabei zu 10–20 cm großen Schirmrispen zusammengefasst. Diese bauen sich auf jeweils fünf Hauptästen auf. Die Holunderbeeren erscheinen im September. Sie haben einen Durchmesser von 3–5 mm, enthalten jeweils drei kleine Steinchen und sind schwarz, glänzend und sehr saftreich.

Typisch: Immer der Nase nach – die Blüten des Holunders duften stark aromatisch. Zerreibt man dagegen ein Blatt zwischen den Fingern, entsteht ein eher unangenehmer Geruch. Wenn Sie einen Ast abbrechen, sehen Sie das weiße Mark im Inneren des Holzes.

Vorkommen Von Natur aus wächst der Holunder auf nährstoffreichen, frischen bis feuchten Böden. Diese Bedingungen findet er im Unterwuchs von Edellaubwäldern und ganz besonders in Auwäldern. Außerdem fühlt er sich offensichtlich in der Nähe menschlicher Siedlungen wohl: Bei Bauernhäusern, Stallungen und Scheunen siedelt sich die Stickstoff liebende Pflanze gerne an. Holunder ist auch häufig als Feldgehölz in Gebüschen und Hecken, an Waldrändern und auf länger ungenutzten Brachflächen anzutreffen – und sogar in der Stadt!

Charakteristische Inhaltsstoffe und Heilwirkungen Die Blüten enthalten ätherisches Öl, bis zu 3,5 % Flavonoide, 4–9 % Kalium, Gerbstoffe, Schleimstoffe und schweißtreibende Glykoside. Die Früchte besitzen Mineralien, ätherisches Öl und Flavonoide, reichlich Anthozyane, 7,5 % Zucker, Fruchtsäuren sowie die Vitamine B_1, B_2 und C sowie Betacarotin und Folsäure.
Holunderblütentee hat ein ähnliches Wirkungsspektrum wie Lindenblütentee und wird bei Erkältungen verordnet, er ist schweiß- und harntreibend. In der Volksmedizin werden Holunderblüten auch zur Herstellung von Gurgelwasser empfohlen, das die Bronchialsekretion fördert. Die entzündungshemmende Wirkung der Blüten ist wissenschaftlich nachgewiesen, sie können auch bei Schwellungen und Entzündungen in Form von Umschlägen für Linderung sorgen. Die Beeren werden besonders wegen des hohen Gehalts an Anthozyanen geschätzt. Diese haben einen antioxidativen Effekt und stärken das Immunsystem. Durch den hohen Flavonoidgehalt sind die Beeren entzündungshemmend und sorgen für eine erhöhte Widerstandskraft gegenüber Infekten, Grippeviren, Allergien und krebserregenden Stoffen.

Sammeltipps

Geerntet werden die frisch aufgeblühten Holunderblütendolden. Die beste Zeit ist frühmorgens, nach dem Abtrocknen des Taus. Zum Trocknen ganze Dolden auf eine Kräuterdarre oder ein luftdurchlässiges Gitter legen oder in kleinen Bündeln aufhängen (siehe Seite 10).

Schon im August beginnen die Beeren, sich dunkel zu färben. Bitte ernten Sie dann nicht sofort – es lohnt sich zu warten, bis die Früchte fast schwarz, sehr saftig und damit vollreif sind. Die ausgereiften Früchte sind besser im Geschmack und bieten mehr wertvolle Inhaltsstoffe! Zum Ernten schneiden Sie ganze Dolden mit einer Gartenschere ab. Zu Hause angekommen, werden die einzelnen Beeren von den Dolden abgepflückt. Da der violette Saft leicht Flecken auf der Kleidung hinterlässt, sollte man Arbeitskleidung oder zumindest eine Schürze tragen.

Achtung: Holunderbeeren nicht roh verzehren! Die Samen enthalten ein Lektin, das Übelkeit und Brechreiz verursacht. Durch die Hitzeeinwirkung bei der Zubereitung wird es jedoch unschädlich gemacht. Der Verzehr von rohen Blüten und gekochten Beeren ist völlig unbedenklich.

Anders als beim Schwarzen Holunder wird beim Roten Holunder das Gift in den Beerensamen durch Kochen nicht zerstört. Den Saft aus einem Dampfentsafter können Sie dagegen ohne Bedenken verzehren oder diesen zu Gelee und Brotaufstrichen weiterverarbeiten. Entsafter, bei denen die giftigen Samen zerkleinert werden, sind für die Verarbeitung der roten Holunderbeeren nicht geeignet!

Verwendete Pflanzenteile und Erntezeit

Blüten	Mai bis Anfang Juli
Beeren	September bis Oktober

Rezepte

Das blumige, süßliche Aroma von Holunderblüten mit seiner leicht säuerlichen Komponente passt gut in sommerliche Getränke und Desserts – und schmeckt auch Kindern gut!

Die verarbeiteten Früchte besitzen einen starken, angenehm aromatischen Eigengeschmack mit ausgewogener Fruchtsüße und -säure.

Holunderblütensirup

20–25 frische, große, voll aufgeblühte Holunderblütendolden • 2 l reines Wasser 2 kg Rohrohrzucker • 50 g Zitronensäure (aus der Apotheke) • 3 Zitronen in Bio-Qualität

Dieser Sirup wird ohne Kochen zubereitet; das entspricht der klassischen Verarbeitung. Die Blütendolden zunächst verlesen und schütteln, nicht waschen! Dann klein zupfen, dabei alle groben, grünen Stängel entfernen. Das Wasser kurz abkochen und wieder erkalten lassen. Ein großes Gefäß, beispielsweise einen Steinguttopf, sorgfältig säubern. Darin das abgekochte Wasser mit Rohrohrzucker und Zitronensäure verrühren. Die klein gezupften Blüten dazugeben. Die Zitronen in dünne Scheiben schneiden und lückenlos auf die gesamte Wasseroberfläche verteilen. Alle Zitronenscheiben müssen von Flüssigkeit bedeckt sein; es darf nichts mehr überstehen. Das Gefäß mit einem passenden Teller bedecken und zusätzlich mit Frischhaltefolie möglichst luftdicht verschließen. Den bedeckten Topf an einen kalten Ort stellen, beispielsweise in den Keller. Hier muss der Sirup zwei Wochen ziehen. Während dieser Zeit immer wieder einmal umrühren, sodass sich der Zucker ganz auflöst. Zuletzt den Sirup durch ein feines Sieb oder Mulltuch abgießen und in sterilisierte Flaschen (siehe Seite 10) abfüllen. Kühl und dunkel gelagert ist dieser Holunderblütensirup ein Jahr haltbar.

Holunderblütenlimonade Der oben beschriebene Holunderblütensirup ergibt eine köstliche, erfrischende Limonade. In einem Glas einfach etwas Sirup mit reinem Wasser oder Mineralwasser aufgießen. Das Mischverhältnis nach Geschmack anpassen, eventuell mit etwas frisch gepresstem Zitronen- oder Limettensaft verfeinern.
Ohne den fertigen Sirup wird ein wässriger Auszug hergestellt: Dazu 2 Handvoll verlesene, klein gezupfte Blüten in 1 l reinem Wasser fast bis zum Siedepunkt erhitzen. Vom Herd nehmen und über Nacht zugedeckt ziehen lassen. Am folgenden Tag durch ein Sieb gießen. Dieses Duftwasser kann nach Wunsch mit Rohrohrzucker gesüßt und im Verhältnis 1:2 mit reinem Wasser oder Mineralwasser aufgegossen werden. Nach Geschmack etwas Zitronen- oder Limettensaft dazugießen und kühlen. Fein schmeckt auch die Beimischung von Apfel- oder Birnensaft. Eine hübsche Dekoration sind die kleinen Blüten, die man einfach in der Limonade schwimmen lässt oder über den Glasrand hängt.

Holunderblütenlimonade

Holunderblütenbowle

1 l reines Wasser • 1 EL Zitronenverbene oder -melisse • 2–4 EL Holunderblütensirup, nach Geschmack • 0,7 l Mineralwasser, gekühlt

Das Wasser zum Kochen bringen und die Zitronenverbene oder -melisse damit übergießen. Fünf Minuten ziehen lassen, abseihen und erkalten lassen. Den Holunderblütensirup mit dem Tee vermischen, Mineralwasser dazugießen. Einige Blüten zur Dekoration in der Bowle schwimmen lassen und kühl servieren.

Rezept-Tipp: Haben Sie noch Holunderblüten übrig? Streuen Sie doch einfach ein paar kleine Blütchen in die Fächer eines Eiswürfelbehälters. Mit Wasser aufgießen und gefrieren lassen. Zusammen mit einer Zitronenscheibe machen diese Eiswürfel sogar aus einem Glas Mineralwasser einen besonderen Genuss.

Holunderblütenbowle mit Prosecco

0,7 l Prosecco, gekühlt • 0,7 l Mineralwasser, gekühlt • ca. 100 ml Holunderblütensirup • etwas Limettensaft

Prosecco und Mineralwasser in ein Bowlegefäß gießen und die gewünschte Menge Holunderblütensirup darin verrühren. Mit etwas Limettensaft verfeinern und die „Blütensternchen" darin schwimmen lassen. Kühl servieren.

Bowle ohne fertigen Sirup

2 Handvoll Holunderblüten, klein gezupft • 1 EL Rohrohrzucker • ¼ l Weißwein 0,7 l Prosecco, gekühlt • 0,7 l Mineralwasser, gekühlt • etwas Limettensaft

Die verlesenen, abgezupften Holunderblüten in ein Bowlegefäß geben. Rohrohrzucker dazugeben, mit Weißwein übergießen und durchrühren. Zwei Stunden zugedeckt ziehen lassen. Nochmals sorgfältig umrühren, bis sich der Zucker ganz aufgelöst hat. Kurz vor dem Servieren mit gekühltem Prosecco und kaltem Mineralwasser übergießen. Mit etwas Limettensaft abschmecken.

Rezept-Tipp: Für Holunderblütentee pro Tasse 2 TL getrocknete Blüten mit kochendem Wasser übergießen und zehn Minuten ziehen lassen. Der Tee lässt sich auch mit frischen Blüten zubereiten (ca. 3–4 TL). Zu Beginn einer Erkältung ist dieser Tee besonders wirkungsvoll. Mehrmals täglich, besonders vor dem Schlafengehen, möglichst heiß trinken – am besten in Kombination mit einem Holunderblütenbad oder -fußbad.

Holunderküchlein

Holunderblütendolden, mit Stängel (ca. 8–12 Stück) • 2 Eier • 200 g Dinkelmehl (Type 1050) • 200 ml Wasser • 40 ml Sahne • 1 Prise Salz • 2 TL Rohrohrzucker • Ausbackfett • etwas Puderzucker

Die Blütendolden nicht waschen, da sie sonst an Aroma verlieren! Es genügt, sie kräftig auszuschütteln und zu verlesen. Aus Eiern, Dinkelmehl, Wasser, Sahne, Salz und Rohrohrzucker einen Pfannkuchenteig anrühren, diesen eine Stunde quellen lassen. Die Blütendolden nach und nach in den Teig tauchen, überschüssigen Teig ablaufen lassen. In einer Pfanne mit heißem Fett oder in einer Fritteuse ausbacken, bis sie goldbraun sind. Die grünen Stängel dicht über den Blüten mit einer Schere abschneiden. Die Küchlein wenden und auf der anderen Seite fertig backen. Auf einem Küchenpapier das Fett abtropfen lassen. Mit Puderzucker bestreuen. Das schmeckt auch Kindern gut!

***Rezept-Tipp:** Frische Sahne mit etwas Holunderblütensirup steif schlagen und die vorsichtig abgezupften Blüten unterheben. Zum Servieren, z. B. zu einem einfachen Rührkuchen, die Holunderblütensahne noch mit frischen Blüten überstreuen.*

Holunderbeerensaft Die reifen Holunderbeeren können in einem Dampfentsafter zu Saft verarbeitet werden. Als Alternative eignet sich folgendes Verfahren: Die gewaschenen Beeren von den Stielen abzupfen und in einen Topf geben. Bis zur Unterkante der obersten Früchte mit reinem Wasser auffüllen und einige Minuten lang kochen, bis die Früchte zerplatzt sind. Dann das Fruchtmus durch eine Flotte Lotte (Passevite) drehen, dabei Saft und Fruchtmark auffangen. Die Kerne wegwerfen. Pro Liter Saft gibt man 100 g Rohrohrzucker hinzu und löst diesen unter gründlichem Rühren auf. Nochmals bis zum Siedepunkt erhitzen und erneut rühren. Den heißen Saft zügig in zuvor sterilisierte Flaschen (siehe Seite 10) abfüllen. Sofort verschließen und abkühlen lassen. Der Saft ist mindestens ein Jahr haltbar.

Fruchtige Holunderbeerensuppe

3 Äpfel oder Birnen • 1 Zimtstange • 100 ml Wasser • 1 l Holunderbeerensaft (siehe oben) • etwas Zitronen- oder Berberitzensaft (siehe Seite 15) • Rohrohrzucker Zimtpulver • 25 g Speisestärke • etwas kaltes Wasser

Äpfel oder Birnen waschen, in Stücke schneiden und mit der Zimtstange im Wasser weich kochen. Alles durch ein Sieb streichen oder durch die Flotte Lotte (Passevite) drehen. Das so gewonnene Fruchtmus mit dem Holunderbeerensaft in einem Topf ver-

mischen. Nach Geschmack mit etwas Zitronen- oder Berberitzensaft, Rohrohrzucker und Zimtpulver abschmecken und erhitzen. Die Speisestärke in etwas kaltem Wasser anrühren und die Suppe damit andicken. Holunderbeerensuppe kann kalt oder warm serviert werden. Traditionell wird sie mit Grieß- oder Schneeklößchen kombiniert.

Holunderbeerengelee

1 l Holunderbeerensaft (siehe oben) • etwas Zimtpulver • 1 Zitrone, Saft
500 g Gelierzucker (1:3)

Den Holunderbeerensaft mit etwas Zimt und dem Saft der Zitrone verrühren. Mit dem Gelierzucker vermischen und unter ständigem Rühren zum Kochen bringen. Nach etwa 3–4 Minuten Kochzeit eine Gelierprobe machen und das fertige Gelee rasch in sterilisierte Schraubdeckelgläser abfüllen, gut verschließen (siehe Seite 10).

Rezept-Tipp: *Für dieses Gelee können Sie den Holunderbeerensaft auch mit Orangensaft mischen (im Verhältnis 1:1). Die Aromen von Holunder und Orangen harmonieren wunderbar miteinander.*

Holunderpunsch

1 l Holunderbeerensaft (siehe oben) • ½ l Orangensaft • ½ l Apfelsaft • 1 Zimtstange • einige Pfefferkörner • 1 Stück Ingwer, etwa 2 cm lang • 4 Gewürznelken
Zucker oder Honig bei Bedarf

Den Holunderbeerensaft mit Orangen- und Apfelsaft sowie Zimtstange, Pfefferkörnern, Ingwer und Nelken in einem Topf erhitzen, aber nicht kochen. Die Gewürze können auch in einem Tee-Aufgussbeutel mitgekocht werden; dann entfällt das spätere Absieben. Bei geringer Wärmezufuhr 10–15 Minuten ziehen lassen. Die Flüssigkeit durch ein Sieb gießen, die Gewürze dabei auffangen. Den heißen Punsch in Tassen servieren. Nach Belieben nachzuckern oder mit Honig süßen. Wärmt an kalten Tagen von innen heraus!

Kirschpflaume
Prunus cerasifera

Porträt

Die Kirschpflaume gehört zu den Rosengewächsen (Rosaceae). Sie stammt ursprünglich aus dem Gebiet zwischen Kleinasien, Persien, dem Kaukasus und dem südwestlichen Sibirien. Vor etwa 400 Jahren wurde sie in Mitteleuropa als Kulturpflanze eingeführt. Heute werden Kirschpflaumen nicht mehr als Obst angebaut, aber in unseren Breiten wachsen sie oft verwildert und haben sich in die heimische Flora eingefügt. Der Name und auch das Aussehen der Früchte legen nahe, dass es sich bei der Kirschpflaume um eine Kreuzung aus Kirsche und Pflaume handelt; dies ist aber nicht der Fall. Die Kirschpflaume ist eine eigenständige Pflanzenart. Sie wird gerne als Bienenweide oder Windschutz gepflanzt. Die Hecken bilden dichte Wände aus, denen ein Sturm nichts anhaben kann.

Zu Beginn des 20. Jahrhunderts entstand in Amerika eine aus der Kirschpflaume hervorgegangene Zierform, die rotblättrige **Blutpflaume** (*Prunus cerasifera* 'Nigra'). Sie ist heute ein beliebtes Ziergehölz in unseren Gärten und Parks. Die hübschen rosa Blüten verzaubern im April, das dunkelpurpurrote Laub setzt von Mai bis Oktober Akzente. Auch die Früchte der Blutpflaume sind essbar. Voll ausgereift schmecken sie saftig und süß! Meistens werden die runden, purpurroten Pflaumen gar nicht als schmackhaftes Obst wahrgenommen: Sie verderben, nachdem sie überreif vom Baum gefallen sind. Damit teilen sie das Schicksal unserer heimischen, verwilderten Kirschpflaumen.

Wuchs und Aussehen Die Kirschpflaume wächst als Strauch oder kleiner Baum und erreicht maximale Höhen von 5–8 m; üblicherweise wird das Gehölz 2–3 m hoch. Der Wuchs ist sparrig und dicht verzweigt. Da die Kirschpflaume Ausläufer treibt, können ganze Gebüsche und Dickichte entstehen. Die Rinde der Zweige ist graubraun und mit bis zu 2 cm langen Dornen bewehrt. Altes Holz ist durch eine schwärzliche Borke geschützt. Die 5–7 cm langen Blätter sind eiförmig und stehen wechselständig. Die Blüten sind reinweiß, lang gestielt und stehen meist einzeln. Kirschpflaumen blühen vor dem Laubaustrieb, noch vor den Schlehen, also zwischen Ende März und Anfang April – und sind damit wahre Frühlingsboten.

So verrückt es klingt: Die Früchte der Kirschpflaume können ganz unterschiedlich aussehen! Es handelt sich im Prinzip um sehr viele unterschiedliche und unbestimmte Sorten der Art Kirschpflaume, die aus Sämlingen hervorgegangen sind. Manche Sträucher tragen kugelige, manche leicht eiförmige Pflaumen. Einige Früchte sehen wie Kirschen aus, andere eher wie Pflaumen. Die einen sind rot, andere gelb oder auch violett gefärbt. Sie sind meist mirabellengroß, manche sind aber auch etwas größer. Sogar bei Konsistenz, Geschmack und Reifezeitpunkt lassen sich deutliche Unterschiede feststellen! Hier kann man sehen, wie variantenreich sich die Natur innerhalb einer Art zeigen kann. Am besten ist es, wenn Sie im August einfach das ganze verfügbare Sortiment durchprobieren, um ihre Lieblingspflaumen ausfindig zu machen.

Typisch: Die Kirschpflaume fällt durch ihre frühe Blüte auf, meist schon Ende März/Anfang April. Am einfachsten ist es, zu dieser Zeit schon Ausschau nach den reinweiß blühenden Sträuchern und kleinen Bäumen zu halten, um sie zur Erntezeit im August wieder aufzusuchen.

Vorkommen Kirschpflaumen wachsen an sonnigen Standorten. An den Boden stellen sie keine besonderen Ansprüche, bevorzugen jedoch eher kalkhaltigen Untergrund. Man findet Kirschpflaumen in Feldhecken, entlang von Feldwegen, an Böschungen, in verwilderten Streuobstwiesen und auf ehemaligen Weinbergen.

Charakteristische Inhaltsstoffe und Heilwirkungen Die Kirschpflaume ist keine klassische Heilpflanze. Da die Früchte reichlich Vitamine, Mineralien, Spurenelemente, Fruchtsäuren, Zucker und Pektin enthalten, sind sie aber ein überaus gesundes Lebensmittel (die roten und dunkelroten Früchte sind durch ihren Gehalt an antioxidativ wirkenden Farbstoffen noch wertvoller als die gelbfleischigen Sorten). Als „Cherry Plum" wird die Pflanze in der Bachblütentherapie nach Dr.Edward Bach bei folgenden Symptomen empfohlen: Angst vor Kurzschlusshandlungen oder davor, innerlich loszulassen, auch bei der Befürchtung den Verstand zu verlieren und bei unbeherrschten Temperamentsausbrüchen.

Sammeltipps

Auch Kirschpflaumen sind mit Dornen bewehrt; die Ernte gestaltet sich jedoch weder schwierig noch gefährlich. Wie bei den vielfältigen Formen und Farben der Früchte, so sind auch Eigenschaften und Häufigkeit der Dornen je nach Pflanzensorte unterschiedlich. In der Regel können Sie jedoch problemlos ohne Handschuhe ernten. Die unterschiedlichen Reifezeitpunkte der verschiedenen Sorten ermöglicht eine lange Saison der leckeren Früchte. Voraussetzung ist lediglich, dass Sie sich mit Ihrer Umgebung vertraut machen und herausfinden, wann es an welchem Ort welche Pflaumen zu ernten gibt. Auch was die Verarbeitung der Früchte angeht, gibt es Unterschiede von Baum zu Baum: Beim Entsteinen der Früchte lösen sich manche leicht, andere dagegen nur schwer vom Stein. Hier lohnt sich die Anschaffung eines Kirschenentsteiners.

Verwendete Pflanzenteile und Erntezeit

Pflaumen	August, September

Rezepte

Nicht nur was das Aussehen angeht – auch das Geschmacksspektrum dieser Früchte reicht von Kirsche bis Pflaume und darüber hinaus! Je nach Baum, Standortbedingungen und Erntezeit schmecken manche Früchte süß, andere wiederum sauer, einige sind fad, wieder andere sind herrlich aromatisch. Viel Genuss bei der Suche!

Kirschpflaumenmus

800 g Kirschpflaumen (rote oder violette Sorten) • 100 ml reines Wasser • 1 Möhre (violette Sorte) • ¼ Rote Bete • 3 große, entsteinte Datteln • 6 getrocknete Aprikosen etwas Zimtpulver • etwas Zitronen- oder Berberitzensaft (siehe Seite 15)

Die Kirschpflaumen waschen und entsteinen. 500 g der Früchte mit dem Wasser in einem leistungsstarken Mixer grob pürieren. Falls die Messer zu Beginn nicht gut greifen, den Püriervorgang unterbrechen und die Kirschpflaumen mit einem Kochlöffel wieder nach unten auf das Messer drücken. Möhre und Rote Bete säubern, in Stücke schneiden und in den Mixbecher geben. Dazu kommen die entsteinten Datteln und die Aprikosen. So lange pürieren, bis das Pflaumenmus eine gleichmäßige, dickflüssige Konsistenz aufweist. Mit dem Zimt und etwas Zitronen- oder Berberitzensaft abschmecken. Zuletzt die zurückbehaltenen Pflaumen dazugeben und nur kurz pürieren. Das ergibt eine geschmacklich und optisch interessante Mischung, in der noch Fruchtstücke zu finden sind. Zum Garnieren eignen sich Schlagsahne oder Mandelpüree.

Kirschpflaumenkompott

1 kg Kirschpflaumen • 1,5 EL Rohrohrzucker • 1–2 Zimtstangen • 2 Gewürznelken reines Wasser • Speisestärke bei Bedarf

Die Kirschpflaumen waschen, entsteinen und in einen Topf geben. Rohrohrzucker, Zimtstangen und nach Belieben Nelken dazugeben. Bis zu $^2/_3$ der Füllhöhe der Früchte mit Wasser aufgießen und die Pflaumen kurze Zeit kochen lassen, etwa 3–5 Minuten. Zimtstange und Nelken entfernen. Wer es noch sämiger mag, bindet das Kompott mit Speisestärke.

Kirschpflaumenkompott schmeckt warm oder kalt, als Nachspeise oder als Beilage zu Pfannkuchen, Grießschnitten, Milchreis und anderen Süßspeisen – wie zu Großmutters Zeiten! Das Kompott lässt sich auch einmachen: Noch heiß in sterilisierte Schraubdeckelgläser abfüllen (siehe Seite 10).

Rote Grütze aus Kirschpflaumen

Rezept-Tipp: *Das ursprünglichste und intensivste Geschmackserlebnis werden Sie am Fundort haben. Zu Hause sind die unterschiedlich gefärbten, mal runden, mal eiförmigen Pflaumen eine attraktive saisonale Bereicherung der Obstschale. Sie schmecken im Müsli und im Obstsalat – oder einfach so.*

Kirschpflaumen-Crumble

800 g Kirschpflaumen • etwas Butter • Rohrohrzucker • Zimtpulver
200 g Dinkelvollkornmehl (alternativ: Dinkelmehl, Type 1050) • 80 g Mandeln, gemahlen • 125 g Butter • 70 g Rohrohrzucker • Zimtpulver

Dieser Kuchen mundet Groß und Klein – und er ist im Handumdrehen fertig! Zunächst werden die Kirschpflaumen gewaschen, halbiert und entsteint. Den Backofen auf 200 °C vorheizen. Eine große, feuerfeste Glas- oder Keramikform mit Butter ausstreichen. Mit etwas Rohrohrzucker und Zimtpulver bestreuen. Für die Streusel Dinkelvollkornmehl, Mandeln, Butter, Rohrohrzucker und Zimt kurz und kräftig miteinander verrühren. Den Teig locker zwischen den Händen zerreiben, damit sich Streusel bilden. Die Kirschpflaumen in die Form füllen und mit einer gleichmäßigen Schicht aus Streuseln bedecken. Der Crumble ist bei 200 °C nach 25–30 Minuten fertig (mit Umluft bei 180 °C). Schmeckt lauwarm besonders gut!

Rote Grütze aus Kirschpflaumen

800 g Kirschpflaumen • 400 ml roter Johannisbeersaft • 1 EL Rohrohrzucker
etwas Speisestärke • etwas Wasser

Die Kirschpflaumen waschen und entsteinen. Je nach Größe der Früchte halbieren oder vierteln. Johannisbeersaft und Rohrohrzucker in einem Topf erhitzen. Die Pflaumenstückchen dazugeben und etwa fünf Minuten köcheln lassen. Die Speisestärke in wenig kaltem Wasser anrühren und das flüssige Kompott zu einer Grütze binden. Lecker dazu ist frisch aufgeschlagene Sahne mit Zimt und Vanillezucker.

Rezept-Tipp: *Kirschpflaumen lassen sich gut als Zutat in einem Kiba-Smoothie genießen. Pro Person 1 Handvoll entsteinte Kirschpflaumen und eine Banane sowie 0,25 l reines Wasser oder Sojamilch im Mixer pürieren.*

Kornelkirsche

Cornus mas

Porträt

Die ursprüngliche Heimat der Kornelkirsche – auch Gelber Hartriegel, Herlitze oder Dirlitze genannt – ist der Kaukasus; sie ist aber schon seit vielen Jahrhunderten in Mitteleuropa heimisch. Trotz ihres Namens ist sie nicht mit der Kirsche verwandt, sondern gehört zur Familie der Hartriegelgewächse (Cornaceae). Heute wird der Strauch wegen der frühen Blüte und seiner großen Toleranz gegenüber dem Stadtklima häufig in urbanen Gärten, Parks und auf städtischen Grünstreifen kultiviert. Die süß-aromatischen Früchte finden erst seit kurzem wieder mehr Beachtung. Absatz findet noch der aus den Früchten gewonnene, geschmacklich milde Edelobstbrand. Früher wurden aus dem vielfältig verwendbaren Wildobst allerlei Speisen und Getränke hergestellt. Der „Gelbe Hartriegel" war aber auch als Holz von ganz besonderer Qualität begehrt. Es besitzt eine außergewöhnliche Dichte und Härte – und ist sogar so schwer, dass es nicht auf Wasser schwimmt, sondern untergeht! Es ist das härteste Holz Europas. Aufgrund dieser Eigenschaften wurde es für ganz spezielle Verwendungen hoch geschätzt: Die Römer stellten daraus Lanzenschäfte für ihre Armee her; bis Ende des 19. Jahrhunderts wurden aus dem gut polierbaren Holz Werkzeugstiele, Stöcke, Leitersprossen und Einlegearbeiten gefertigt. Auffällig dekorativ ist der Strauch im zeitigen Frühjahr, wenn vor dem Laubaustrieb tausende kleine, leuchtend gelbe, duftende Blüten erscheinen. Sie zeigen sich noch vor den Forsythien! Im Gegensatz zu diesen macht die frühe Blüte die Kornelkirsche zu einer wichtigen Bienenweide. Sie bietet wie alle Hecken Nahrung und Lebensraum für viele einheimische Tiere wie Feldhasen, Rehe, Vögel und Käfer.

Wuchs und Aussehen Die Kornelkirsche gedeiht meist als mehrstämmiger Strauch, selten als kleiner Baum. Das langsam wachsende Gehölz ist sparrig verzweigt, trägt sehr viele Kurztriebe und erreicht meist nur etwa 4 m Höhe. Sehr alte Exemplare können bis zu 7 m hoch werden, sind dann aber auch fast ebenso breit und zeichnen sich durch überhängende Zweige aus. Nach milden Wintern schon im Februar, spätestens aber im März erscheinen kleine, in Kugeldolden zusammengefasste, gelbe Blüten. Sie haben jeweils vier Blütenblätter. Etwa 10–20 Blüten bilden zusammen die kleinen Kugeldolden. Die Blätter treiben erst nach der Blüte aus. Sie sind 4–8 cm lang, haben eine eiförmig lanzettliche Form, einen glatten Rand und sind gegenständig an den jungen Zweigen angeordnet. Die Steinfrüchte der Kornelkirsche nehmen ab August Farbe an und leuchten im September glänzend rot. Sie sind 1–2 cm groß, länglich oval geformt und haben im Inneren auch einen länglichen Stein. Sie ähneln in ihrem Aussehen „roten Oliven".

Typisch: Die Blätter der Kornelkirsche sind selten glatt, sondern meist etwas in sich gewellt. Besonders die Blattränder biegen sich zur Oberseite hin, die Blattspitzen sind oft etwas abgedreht. Im Frühjahr fällt die Kornelkirsche durch ihre frühe, leuchtend gelbe Blüte auf.

Vorkommen Das ursprüngliche Vorkommen der Kornelkirsche ist in Mitteleuropa auf warme und kalkreiche Standorte beschränkt. Hier wächst sie von Natur aus in Gebüschen, Hecken und an sonnig-warmen Waldrändern. Heute wird sie zumeist von Menschenhand angepflanzt und ist damit auch weit über ihr einstiges Areal hinaus anzutreffen. Sie wird häufig bei der Gestaltung von Garten- und Parkanlagen eingesetzt sowie in Hecken und Strauchgruppen entlang von Verkehrswegen.

Charakteristische Inhaltsstoffe und Heilwirkungen Reife Früchte enthalten verschiedene Zucker – in der Summe 14 % – sowie reichlich sekundäre Pflanzenstoffe wie Gerbstoffe, organische Säuren, Anthozyane und Flavonoide. An Vitaminen sind die der B-Gruppe, Vitamin C (70–90 mg/100 g Fruchtmasse) und E zu nennen. Obwohl die Kornelkirsche keine klassische Heilpflanze ist, sind aus der Volksmedizin verschiedene Anwendungen überliefert: Aufgüssen aus den Früchten und der Rinde wird eine adstringierende und fiebersenkende Wirkung zugeschrieben. Außerdem wurden damit Durchfall und chronische Darmerkrankungen behandelt. Bei Hildegard von Bingen ist zu finden, dass die Kornelkirsche den Magen stärkt.

Sammeltipps

Die Früchte zeichnen sich durch einen süß-säuerlichen, sehr aromatischen Geschmack aus – allerdings nur die vollreifen! Kornelkirschen reifen nicht alle exakt zum gleichen Zeitpunkt. Daher ist es sinnvoll, die Sträucher in kurzen Zeitabständen wiederholt aufzusuchen, um jeweils nur die erntefähigen Früchte zu sammeln. Wie kann man diese von den noch nicht ganz reifen (und sauren) Früchten unterscheiden? Optisch lässt sich kaum ein Unterschied erkennen, aber es ist dennoch einfach: Ernten Sie jeweils nur die Kornelkirschen, die sich leicht vom Zweig entfernen lassen. Muss man zu stark an der Frucht ziehen, ist das ein sicheres Zeichen dafür, dass sie noch nicht voll entwickelt ist. Dann sollten Sie noch einige Tage und damit einige Spätsommerstunden warten – bis die Kornelkirsche den Geschmack und Inhalt bieten kann, der in ihr steckt. Von manchen Ratgebern wird empfohlen, man solle mit der Ernte bis nach dem ersten Frost warten, ähnlich wie bei Schlehe und Schwarzdorn. Die Früchte wären dann weicher, saftiger und voll ausgereift. Meine Erfahrung ist allerdings, dass man

zu dieser Zeit vor leeren Büschen steht, da Kornelkirschen auch bei Amsel, Drossel, Fink und Star sehr beliebt sind. Meine Empfehlung ist daher, die Büsche ab Anfang September im Auge zu behalten. Noch besser: Sie pflanzen selbst Kornelkirschen – dann werden garantiert alle satt. Wer das unten aufgeführte Rezept der „Falschen Oliven" probieren möchte, hat es leichter: Wenn sich die zuvor noch hellgrünen Früchte im August mit einem ersten Anflug von roter Farbe schmücken, ist dafür die richtige Erntezeit. Jetzt interessieren sich die Singvögel noch nicht für Kornelkirschen.

Auch die Zweige der Kornelkirsche kann man „sammeln": Sie eignen sich sehr gut als dekorative Wintersträuße. Während der gesamten kalten Jahreszeit – nach dem Laubfall im Herbst bis zur Blüte im zeitigen Frühjahr – können die Zweige in beheizten Räumen zur Blüte gebracht werden. Mit Forsythien- und Buchsbaumzweigen zusammen ergeben sich schöne Kombinationen.
Die hübschen gelben Blüten duften angenehm zart, die Zweige der Kornelkirsche werden gerne als sogenannte Barbarazweige verwendet. Sie werden am 4. Dezember (Tag der heiligen Barbara) geschnitten und treiben dann in der Vase aus.

Verwendete Pflanzenteile und Erntezeit

Zweige	November bis März
Unreife Früchte	August
Reife Früchte	September

Rezepte

Haben Sie diese Früchte schon einmal frisch vom Busch gegessen? Nein? Dann probieren Sie es unbedingt nächsten September aus! Nur die unreifen Früchte schmecken sauer. Vollreife Früchte haben ein intensiv fruchtiges, süßsaures Aroma.

Kornelkirschen-Fruchtmus Das Fruchtfleisch der Kornelkirschen löst sich schwer vom Stein ab. Um ein Fruchtmus herzustellen, ist es leichter, die gewaschenen Früchte zunächst mit etwas reinem Wasser aufzukochen und für 3–5 Minuten kochen zu lassen. Dann die Fruchtmasse durch ein Sieb drücken, Steine und Stiele bleiben dabei zurück. Auch eine Flotte Lotte (Passevite) eignet sich dazu sehr gut. Das Fruchtmus kann sofort weiterverarbeitet werden. Zur Lagerung wird es in sterilisierte Schraubdeckelgläser abgefüllt (siehe Seite 10).

Kornelkirschen-Birnen-Marmelade

600 g vollreife, süße Birnen, z. B. Williams Christ • 600 g Kornelkirschen-Fruchtmus (siehe oben) • 500 g Gelierzucker (1:3) • 1 Zitrone, Saft

Vorbereitend Schraubdeckelgläser sterilisieren (siehe Seite 10). Die Birnen schälen, entkernen und in kleine Stücke schneiden. Zusammen mit dem Kornelkirschen-Fruchtmus, Gelierzucker und Zitronensaft in einen Topf geben. Unter Rühren aufkochen und einige Minuten kochen lassen, dabei immer wieder umrühren. Es ist ratsam, eine

Smoothie mit Kornelkirschen

Gelierprobe zu machen (siehe Seite 10). Die Schraubdeckelgläser rasch mit der fertig gekochten, heißen Marmelade befüllen und verschließen. Die Gläser für einige Minuten auf den Kopf stellen und dann normal stehend langsam auskühlen lassen.

Smoothie mit Kornelkirschen

2 Äpfel • 250 mg Kornelkirschen-Fruchtmus (siehe oben) • 2 vollreife Bananen
200 ml reines Wasser • 1 Zitrone, Saft

Äpfel schälen, entkernen und in Stücke schneiden. Zusammen mit Kornelkirschen-Fruchtmus, Bananen, Wasser und Zitronensaft in den Behälter eines Mixers füllen und pürieren. Eine energiegeladene und genussreiche Abwechslung für Smoothie-Liebhaber!

Rezept-Tipp: Die Blüten der Kornelkirsche sind essbar und eignen sich als hübsche, duftende Dekoration, beispielsweise für Salate und Desserts.

Falsche Oliven für ein Glas von ¼ l Inhalt

Eingelegte Kornelkirschen – das kannten schon die alten Römer! Für dieses traditionelle Rezept werden die unreifen, grünlich-hellroten Kornelkirschen gesammelt. Sie können wie Oliven in Essig eingelegt und als Antipasti oder Beilage zum deftigen Abendbrot gegessen werden.

1 Handvoll unreife Kornelkirschen • 125 ml reines Wasser • 125 ml Essig (z. B. weißer Balsamico) • ½ TL Salz • Pfefferkörner, Chilischote oder Knoblauch nach Geschmack
⅓ TL Rohrohrzucker

Kornelkirschen von den Stielen befreien und gründlich waschen. Zusammen mit den restlichen Zutaten in einen Topf geben, gut verrühren. Erhitzen und etwa fünf Minuten kochen lassen. Heiß in sterilisierte Schraubdeckelgläser (siehe Seite 10) abfüllen. Die Falschen Oliven müssen komplett vom Sud bedeckt sein. Die Gläser verschließen und in heißem Zustand für einige Minuten auf den Kopf stellen, sodass auch die Luft im Glas sterilisiert wird. Normal stehend auskühlen lassen, mit Datum und Inhalt beschriften. An einem kühlen und dunklen Ort gelagert, sind die Falschen Oliven ein Jahr haltbar – bis zur nächsten Ernte.

Mispel

Mespilus germanica

Porträt

Entgegen ihrem botanischen Namen „germanica" stammt die Mispel nicht aus Deutschland. Als ursprüngliche Heimat wird das Gebiet des mediterranen Europa über Kleinasien bis hin zum Kaukasus und dem nördlichen Iran angenommen. Der Sprung über die Alpen nach Mitteleuropa gelang der Mispel nur mit menschlicher Hilfe: Die Römer führten sie bei uns als Nutzpflanze ein. Von der Antike bis in das Mittelalter wurde sie besonders als Obstpflanze hoch geschätzt. Karl der Große schrieb ihren Anbau in den Klostergärten vor; auch in den Bauerngärten gehörte sie zum festen Bestand. Von hier aus fand die Mispel den Weg in die freie Natur und verwilderte. Gegenüber anderen Arten aus der gleichen Familie, der Rosengewächse (Rosaceae), verlor sie zusehends an wirtschaftlicher Bedeutung: Äpfel, Birnen, Kirschen und Pflaumen, die im Gegensatz zur Mispel roh genießbar sind, verdrängten sie von ihren angestammten Plätzen. Heute ist sie kaum noch als Kulturpflanze zu finden; der sogenannte „Kulturflüchtling" ist in ausgewilderter Form ein Teil der heimischen Flora geworden. Für mitteleuropäische Verhältnisse ist die Mispel ausreichend frosthart, benötigt für ihre Entwicklung jedoch warme Sommer. In den letzten Jahren wird die Mispel als attraktive Zierpflanze wiederentdeckt: Das relativ kleine Gehölz besticht mit seinen großen, cremeweißen Blüten und der schönen Belaubung. Der knorrige Wuchs fällt ganzjährig ins Auge. Die Äste wachsen mit zunehmendem Alter krumm und sparrig, was geradezu malerisch aussehen kann. Das Gehölz ist robust und unempfindlich gegenüber Trockenheit, Hitze und Frost. Für kleinere Gärten in städtischen Lagen ist die Mispel gut geeignet.

Wuchs und Aussehen Die Mispel wächst nur relativ langsam und erreicht als Strauch oder als kleiner, kurzstämmiger Baum Höhen von 2–5 m. Ihre ausladende Form ist charakteristisch; ausgewachsene Pflanzen sind häufig breiter als hoch. Die Rinde der jungen Triebe hat ein grüngraues, filziges Aussehen; ältere sind bräunlich und silbergrau. Die Rinde bleibt lange glatt und wird erst an sehr altem Holz borkig. Die Wildform der Mispel ist bedornt, die Kulturform nicht. Die Blätter sind 10–12 cm lang, haben eine lanzettliche Form und stehen wechselständig am Zweig. Ihre Unterseite ist dicht filzig behaart, während oben kaum Haare sichtbar sind. Im Herbst verfärben sich die Blätter gelb-orange. Die Blüten sind etwa 4 cm groß. Sie erscheinen im Mai/Juni, nach der Apfelblüte. Die dekorative Wirkung der cremeweißen Blüten wird durch deren Einzelstellung verstärkt. Die Mispelfrüchte werden erst im späten Herbst reif: Ende Oktober/Anfang November. Sie sind 2–4 cm groß, rundlich-birnenförmig und filzig behaart. Im Inneren sind jeweils 2–5 Steinkerne. Zunächst sind die Früchte grün, im reifen Zustand werden sie rotbraun. Sie fallen schon durch ihre Einzelstellung an der Spitze der Kurztriebe auf.

***Typisch:** Die harten, kugeligen Mispelfrüchte haben eine charakteristische Form: Am unteren Ende findet sich eine kleine Öffnung, von der fünf vertrocknete Kelchzipfel abstehen – was so aussieht, als hätten die Früchte kleine Kronen auf.*

Vorkommen Die Mispel ist eine Wärme liebende Pflanze und wächst daher bevorzugt an sonnigen und geschützten Standorten, wie zum Beispiel an südlich exponierten Waldrändern, bei Gebüschen in Südhanglagen, auf alten Streuobstwiesen und ehemaligen Weinbergen. Ihre Einbürgerung während der Römerzeit wirkt sich im Zusammenspiel mit den klimatischen Gegebenheiten bis heute aus: Die Mispel wächst in der Schweiz und Österreich sowie im Süden und Westen Deutschlands sehr viel häufiger als in Nord- und Ostdeutschland. Sie ist generell nicht mehr sehr verbreitet, aber mit wachsamen Augen kann man sie entdecken!

Charakteristische Inhaltsstoffe und Heilwirkungen Die Früchte zeichnen sich durch einen hohen Gehalt an Gerbsäure (Tannine) aus. Weiterhin enthalten sind organische Säuren, Pektin, Zucker und Vitamin C. Die Wirkung der Früchte wird in der Volksmedizin als harntreibend, blutreinigend und adstringierend, also zusammenziehend, beschrieben. Sie wurden traditionell bei Verdauungsstörungen angewendet.

Sammeltipps

Die Sommerwärme liebende Mispel braucht in unseren Breiten bis in den späten Herbst, um ihre Früchte ausreifen zu lassen. Daher beginnt die Erntesaison frühestens Ende Oktober. Damit die Mispelfrüchte weich und süß werden, gibt es zwei Möglichkeiten: Entweder man lagert sie ein (einzeln liegend, luftig, kühl und dunkel, z. B. im Keller für drei bis vier Wochen) oder wartet bis zum ersten kräftigen Frost. Gemeint ist hier nicht nur ein Bodenfrost, sondern ein Luftfrost, bei dem auch in 2 m Höhe über dem Boden die Temperatur auf mindestens –2 °C absinkt. Danach müssen die Früchte unmittelbar abgeerntet und verarbeitet werden, da sie ansonsten an der Pflanze verderben oder von Vögeln gefressen werden.

Verwendete Pflanzenteile und Erntezeit

Früchte	Ende Oktober/Anfang November

Rezepte

Mispelfrüchte lassen sich nicht von der Hand in den Mund genießen. Erst nach einem Frost oder nach längerer Lagerung (siehe Sammeltipps) erhalten sie eine musige Konsistenz, werden süßer und können dann auch roh gegessen werden. Der Geschmack von Mispeln erinnert an Feigen oder auch an süß-säuerlichen Wein.

Mispelmus

800 g ausgereifte Mispeln • etwas reines Wasser • 1 Zitrone, Saft • etwas Rohrohrzucker, Agavendicksaft, Honig oder Birnendicksaft

Für dieses Grundrezept die Mispeln waschen, vierteln und in etwas Wasser etwa zehn Minuten weich kochen. Den Fruchtbrei durch eine Flotte Lotte (Passevite) drehen oder durch ein Sieb drücken. Mit dem Saft einer Zitrone abschmecken. Das Mispelmus nach Geschmack mit etwas Rohrohrzucker, Agavendicksaft, Honig oder Birnendicksaft süßen. Das Mus lässt sich auch heiß in sterilisierte Gläsern abfüllen (siehe Seite 10) und hält dann etwa ein Jahr.

***Rezept-Tipp:** Voll ausgereifte Mispelfrüchte nach dem ersten richtigen Frost ernten, waschen, mit einem Küchentuch abtrocknen und im Rumtopf einige Wochen ziehen lassen. Die Früchte schmecken dann besonders aromatisch und haben eine cremig-musige Konsistenz.*

Mispel-Birnen-Mus

800 g ausgereifte Mispeln • 800 g reife, süße Birnen (z. B. Williams Christ)
etwas reines Wasser • 1 Zimtstange • etwas Rohrohrzucker bei Bedarf

Die Mispeln waschen und vierteln. In einem Topf mit den geschälten, klein gewürfelten Birnen vermischen. Etwas Wasser und die Zimtstange zugeben, zehn Minuten weich kochen. Zimtstange entfernen und den Fruchtbrei durch eine Flotte Lotte (Passevite) drehen.

Bei den Birnen sollten süße Sorten wie „Williams Christ" bevorzugt werden, da man so auf zusätzliche Süßungsmittel verzichten kann. Das Mispel-Birnen-Mus schmeckt hervorragend zu Pfannkuchen, Milchreis oder Grießgerichten. Es lässt sich auch in sterilisierte Schraubdeckelgläser abfüllen und als Wintervorrat lagern (siehe Seite 10).

Mispel-Quitten-Marmelade

*800 g Mispeln • 800 g Quitten • etwas reines Wasser • Gelierzucker (1:3)
1 Zitrone, Saft*

Mispeln und Quitten waschen und in Würfel schneiden. Mit etwas Wasser in einem Topf 15–20 Minuten weich kochen. Den Fruchtbrei durch eine Flotte Lotte (Passevite) drehen oder durch ein Sieb drücken. Den Gelierzucker in entsprechender Menge (siehe Packungsbeschrieb) mit dem Fruchtmus und dem Zitronensaft vermischen. Unter ständigem Rühren zum Kochen bringen. Nach wenigen Minuten Kochzeit eine Gelierprobe machen und die heiße Marmelade in die sterilisierten Schraubdeckelgläser abfüllen (siehe Seite 10). Deckel sofort verschließen. Die Gläser einige Minuten auf den Kopf stellen, dann umdrehen und auskühlen lassen. Die Aromen von Mispeln und Quitten ergänzen sich ganz hervorragend! Da beide Früchte zur gleichen, späten Erntezeit reif sind, kann man sie auch gut gemeinsam sammeln und verarbeiten.

Mispelchutney

*1 kg Mispeln • etwas reines Wasser • 300 g Zwiebeln, geschält und fein gewürfelt
etwas Pflanzenfett • 2 daumengroße Stücke Ingwer, geschält • 5 Knoblauchzehen, geschält • jeweils 1 TL Salz, schwarzer Pfeffer, Zimtpulver, Cayennepfeffer und Chiliflocken • 200 ml reines Wasser • 200 ml Weißweinessig • 150 g Rohrohrzucker
100 g Rosinen*

Die Mispeln waschen und in Stücke schneiden. In einem Topf mit etwas Wasser aufsetzen und für 10–15 Minuten kochen lassen. Dann durch ein Sieb oder eine Flotte Lotte (Passevite) drücken. Das Fruchtmus beiseite stellen. In einer großen Pfanne die Zwiebelwürfel in Pflanzenfett glasig dünsten. Ingwer und Knoblauch in sehr kleine Würfel schneiden und zusammen mit Salz, Pfeffer, Zimt, Cayennepfeffer und Chili zu den Zwiebelwürfeln in die Pfanne geben. Alles kurz erhitzen, dann mit Wasser und Weißweinessig ablöschen. Zuletzt Rohrohrzucker, Rosinen und das vorbereitete Mispelmus hinzufügen und alles auf kleiner Flamme einkochen lassen, bis eine dickflüssige Konsistenz entsteht. Dabei gelegentlich umrühren. Heiß in sterilisierte Schraubdeckelgläser (siehe Seite 10) abgefüllt, ist das Chutney mindestens ein Jahr haltbar. Es schmeckt besonders gut zu Reis- und Hirsegerichten.

416.
Mespilus germanica L. **Mispel.**

Sanddorn

Hippophae rhamnoides

Porträt

Sanddorn ist ein echter Lebenskünstler: Er kann auf purem Sand oder Schotter wachsen, hält dabei Hitze, Wind und starken Frost aus – und gehört neben der Heckenrose zu unseren vitaminreichsten Wildobstgehölzen! Seine Früchte enthalten weitaus mehr Vitamin C als die dafür bekannten Zitronen. In früheren Zeiten wurde Sanddorn als die „Zitrone des Nordens" bezeichnet. Ein spezielles Erfolgsgeheimnis des Sanddorns ist eine unterirdische Lebensgemeinschaft mit Strahlenpilzen. Diese helfen der Pflanze beim Ansammeln von Stickstoff, sodass sie sich sozusagen selbst düngen kann. Doch damit nicht genug: Tief hinabreichende Hauptwurzeln sind mit einem dicht verzweigten, weit ausgebreiteten Wurzelwerk in den obersten Bodenschichten kombiniert. Das gibt der Pflanze starken Halt und macht sie zum perfekten Bodenbefestiger und Pioniergehölz auf Sanddünen und schotterigen Flussuferböschungen. Das veranschaulicht der Name Sanddorn und auch seine Volksnamen Sandbeere, Dünendorn oder Stranddorn. Er gehört zur Familie der Ölweidengewächse (Elaeagnaceae) und kommt in den gemäßigten Breiten Europas und Asiens vor. In der Mongolei wird die Pflanze als Heilmittel für die Augen von Reitpferden angewendet. Der lateinische Name der Pflanzengattung „Hippophae" weist auf diese Nutzung hin: „Hippo" steht für das Pferd und „paos" für Licht.

Wollen Sie den Sanddorn selbst im Garten anbauen? Dann ist noch eine weitere Besonderheit interessant: Sanddorn ist eine zweihäusige Pflanze. Das bedeutet, dass die männlichen und die weiblichen Blüten in zwei unterschiedlichen Häusern, also auf zwei Pflanzen wachsen. Wer von den weiblichen Pflanzen reichlich Beeren ernten möchte, muss in der Nähe einen männlichen Strauch ansiedeln. Darüber hinaus müssen weibliche und männliche Pflanze zur gleichen Zeit blühen – nur dann ist ein reicher Fruchtansatz gewährleistet. Für die Pflanzung im Hausgarten ist die Sorte 'Dorana' empfehlenswert. Sie ist sehr ertragreich und bietet etwa 340 mg Vitamin C/100 g Beeren. Als Begleitung eignet sich die rein männliche Sorte 'Pollmix'. Am sichersten ist es, wenn Sie sich in einer Baumschule fachkundig beraten lassen und dort junge Sträucher guter Qualität erwerben.

Wuchs und Aussehen Sanddorn wächst als 3–6 m hoher Strauch, selten als kleiner Baum. Der Wuchs ist aufrecht, sparrig und unregelmäßig. Die Sträucher bilden oft Ausläufer. Die Äste sind mit spitzen Sprossdornen bewehrt. Die Rinde junger Zweige ist weißlich bis silbrig beschuppt, während die älteren eine graubraune bis schwärzliche Farbe annehmen. Die Blätter des Sanddorns stehen wechselständig und haben eine lang lanzettliche Form wie Weiden. Die Blattunterseite hat eine weißsilbrige Farbe und trägt weißliche Haare; die Oberseite ist nicht behaart. Die Blattränder sind oft eingerollt. Sanddorn ist ein zweihäusiges Gewächs, die Blüten beider Geschlechter sind klein und unscheinbar. Dagegen sind die Früchte der weiblichen Pflanzen auffällig orangerot, eiförmig, 6–8 mm lang und sehr saftig. Aus botanischer Sicht handelt es sich um Steinfrüchte mit Kernen, umgangssprachlich werden sie als „Beeren" bezeichnet.

Typisch: Die Früchte des Sanddorns sind kaum zu übersehen. Das knallige Orange der vielen kleinen Beeren, die meist üppig zusammenstehen, leuchtet schon von Weitem!

Vorkommen Sanddorn braucht volle Sonne und liebt sandige oder schotterige Böden. Daher findet man ihn an den Küsten von Nord- und Ostsee, auf Dünen, im Binnenland auf Uferböschungen und Schotterfeldern von naturnah fließenden Flüssen – besonders in den Alpen und im Alpenvorland. Ferner wächst Sanddorn auch im Unterwuchs von trockenen und sehr lichten Kiefernwäldern, an Kiesgruben und auf Ödland. Aufgrund des tiefen und weitverzweigten Wurzelwerks wird der Sanddorn häufig an Böschungen, zum Beispiel entlang von Autobahnen, als Bodenbefestiger gepflanzt.

Charakteristische Inhaltsstoffe und Heilwirkungen Die „Beeren" des Sanddorns sind sehr reich an Vitamin C, enthalten aber auch B-Vitamine sowie Vitamin E und Folsäure. Dazu kommen Mineralien (besonders Kalzium und Magnesium), Flavonoide, Karotinoide, Lykopin, Zucker, Pektin und organische Säuren. Sanddornsaft oder -fruchtmus wird bei Schwäche des Immunsystems, zum Beispiel bei häufigen Erkältungskrankheiten, empfohlen. Ebenso bei Konzentrationsdefiziten, Kopfschmerzen, Kreislaufschwäche und allgemeinen Erschöpfungszuständen. Sowohl das Fruchtfleisch als auch die Kerne der Früchte enthalten wertvolles Öl. Reich an Karotinoiden (Provitamin A) und Vitamin E ist das Öl aus dem Fruchtfleisch. Es besitzt darüber hinaus Phytosterole und essenzielle Fettsäuren. Diese Stoffe wirken als Radikalenfänger und begünstigen die schnelle Verjüngung des Gewebes durch Zellerneuerung. Daher wird das Öl aus dem Fruchtfleisch heute bei vielen Hauterkrankungen, für Anti-Aging-Kuren, zur Förderung der Wundheilung oder einfach zur Hautpflege eingesetzt. Auch bei verschiedenen Magenerkrankungen wird das Schleimhaut regenerierende Öl erfolgreich angewendet. Das Sanddorn-Kernöl weist dagegen ein besonderes Spektrum an mehrfach ungesättigten Fettsäuren auf und enthält Linol- sowie Linolensäure. Es wirkt entzündungshemmend und antibakteriell: Bei chronischer Neurodermitis wurde es vielfach erprobt und erfolgreich angewendet. Das Kernöl hilft dabei, die typischen, überschießenden Hautreaktionen zu regulieren. Dabei zeigt die Heilpflanze keinerlei Nebenwirkungen!

Sanddorn-Quark-Creme

Sammeltipps

Die Ernte der Sanddornbeeren ist kein schnelles Geschäft! Zum einen sind da die spitzen Sprossdornen: Entweder Sie gehen besonders vorsichtig ans Werk oder Sie schützen sich mit Handschuhen. Doch die Dornen sind nicht die eigentliche Herausforderung: Die Früchte des Sanddorns sind sehr saftig und platzen leicht, oft schon bei der ersten Berührung. Drei verschiedene Erntemethoden haben sich im Lauf der Zeit bewährt:

„Melken": Die dicht am Ast stehenden Früchte werden direkt von Hand zerquetscht und ausgepresst. Der Beerensaft tröpfelt in ein Gefäß, das unter den Ast gehalten wird. Diese Arbeit kann nur mit Handschuhen erledigt werden. Fast zwangsläufig geht dabei ein Teil des kostbaren Safts verloren.

Abschütteln und Abstreifen: Die Fläche unter dem Busch wird mit Folien ausgelegt, bevor die Früchte mit Stöcken und Stangen von den Ästen abgeschüttelt, abgeschlagen oder abgestreift werden.

Abschneiden des Fruchtholzes und Schockgefrieren: Bei dieser Methode lässt man die einzelnen Beeren zunächst in Ruhe und schneidet ganze Zweige von den Büschen ab. Die Äste werden bei –38 °C schockgefrostet. Dann können Sie die Beeren von den Ästen abschlagen und erhalten so ganze, unbeschädigte Früchte, die sich gut weiterverarbeiten lassen. Eine solche Ernte ist allerdings nur alle zwei Jahre möglich, da sich die Sträucher erst wieder regenerieren müssen.

Achtung – Verwechslungsgefahr: Der giftige Seidelbast (Daphne mezereum) kann mit dem Sanddorn verwechselt werden. Die Beeren des Seidelbasts sind ähnlich klein, jedoch eindeutig rot! Er hat zwar auch längliche Blätter, aber diese sind auf der Unterseite nicht weißlich behaart, sondern blaugrün. Die Oberseite ist mattgrün gefärbt. Im Gegensatz zum Sanddorn blüht der Seidelbast im zeitigen Frühling auffallend rosa und hat einen kräftigen Duft. Er wächst zudem auf ganz anderen Standorten: Seidelbast bevorzugt frische, nährstoffreiche und humose Böden und ist zum Beispiel an lichten Waldrändern zu finden.

Verwendete Pflanzenteile und Erntezeit

Beeren	September, Oktober

Rezepte

Die Beeren besitzen eine sehr starke Fruchtsäure mit einem ausgeprägten, fruchtigen Eigenaroma.

Sanddorn-Vollfruchtmus Um in den Genuss aller wertvollen Inhaltsstoffe von Fruchtfleisch und Kernen zu kommen, werden die Beeren gewaschen und komplett zu einem sogenannten Vollfruchtmus verarbeitet. In speziellen Saftkeltereien wird diese Arbeit in Fruchtmühlen erledigt, im Privathaushalt nutzt man einen leistungsstarken Mixer, der auch die Kerne zerkleinern kann.
Das fertige Vollfruchtmus muss dann eingekocht werden, um haltbar zu werden. Dazu kann man es wahlweise vorher süßen: Für 1 kg Fruchtmus rechnet man, je nach Geschmack, mit 350–500 g Honig. Ein neutral schmeckender Honig (z. B. Raps- oder Blütenhonig) ist den aromatischen Sorten vorzuziehen. Das Vollfruchtmus wird dann, pur oder mit Honig vermischt, zum Kochen gebracht. Es muss mindestens eine Minute lang kochen, dabei umrühren. In sterilisierte Schraubdeckelgläser (siehe Seite 10) abfüllen. Am besten sind kleine, dunkelglasige Behälter geeignet. Bei kühler, dunkler Lagerung hält sich das Vollfruchtmus bis zur nächsten Ernte, also ein Jahr.

Sanddorn-Smoothie mit Orange und Ananas

400 g frische Ananas • 6 EL Sanddorn-Vollfruchtmus (siehe oben) • 2 Orangen, Saft

Cremige Variante:

150 g Naturjoghurt oder Mandelpüree • 1 EL dünnflüssiger Honig oder Agavendicksaft

Blätter und Stielansatz der Ananas abschneiden, die Frucht mit einem scharfen Messer schälen. Die „Augen" mit Kerbschnitten entfernen. Die Ananas vierteln und die holzige Mitte der Frucht entfernen. Das Fruchtfleisch in Stücke schneiden. Zusammen mit dem Sanddorn-Vollfruchtmus und dem ausgepressten Orangensaft in einen Mixbecher geben und pürieren. Wem dieses Rezept zu viel Fruchtsäure enthält, kann dem Smoothie wahlweise Naturjoghurt oder Mandelpüree hinzufügen und mit Honig oder Agavendicksaft süßen. Auf diese Weise erhält man einen lieblicheren Geschmack. Sofern das Mandelpüree bei der Zubereitung nicht über 42 °C erhitzt wurde, ist der Smoothie auch für die Rohkosternährung geeignet.

Rezept-Tipp: *Für ein fruchtiges Sanddorn-Joghurt 2 Handvoll Sanddornbeeren und 6 EL Ahornsirup mit 500 g Naturjoghurt in einem leistungsfähigen Mixer pürieren. Leicht gekühlt ist dies ein erfrischender Nachtisch.*

Sanddorn-Quark-Creme

8 EL Sanddorn-Vollfruchtmus (siehe oben) • 500 g Magerquark • 2 EL Honig 50 ml Orangensaft, frisch gepresst • 200 ml Sahne • 2 EL Rohrohrzucker 50 g Mandeln, gehackt

Das Sanddorn-Vollfruchtmus mit Magerquark, Honig und dem frisch gepressten Orangensaft vermengen. Die Sahne steif schlagen, mit dem Rohrohrzucker süßen und behutsam unter den Sanddornquark heben. In Dessertschalen füllen und mit gehackten Mandeln bestreuen. Ein fruchtig-frisches und gehaltvolles Dessert!

Sanddorn-Orangen-Marmelade

500 ml Sanddorn-Vollfruchtmus (siehe oben) • 600 ml Orangensaft 500 g Gelierzucker (1:3)

In einem Topf das Sanddorn-Vollfruchtmus mit Orangensaft und Gelierzucker vermengen, unter Rühren zum Kochen bringen. Nach wenigen Minuten Kochzeit eine Gelierprobe machen und die fertige, kochend heiße Marmelade in die ebenfalls heißen, sterilisierten Gläser abfüllen (siehe Seite 10). Diese sofort verschließen und einige Minuten auf den Kopf stellen, dann in normaler Position abkühlen lassen.

Sanddorn-Kürbis-Suppe

1 mittelgroßer Hokkaido-Kürbis • 1 Zwiebel, geschält • etwas Butter • 2 große Möhren • 2 Äpfel • 4 Knoblauchzehen, geschält • 750 ml Gemüsebrühe • 100 ml Sahne 6 EL Sanddorn-Vollfruchtmus (siehe oben) • Salz, Pfeffer, Chilipulver nach Geschmack

Den Kürbis halbieren, die Kerne mit einem Löffel auskratzen (Hokkaidos müssen im Gegensatz zu anderen Kürbissen nicht geschält werden). Den Hokkaido in Stücke schneiden. Die Zwiebel klein würfeln und in einem großen Topf mit etwas Butter glasig dünsten. Die Kürbisstücke und die geschälten, klein geschnittenen Möhren dazugeben. Die geschälten, entkernten und klein gewürfelten Äpfel sowie den durchgepressten Knoblauch unterrühren. Mit Gemüsebrühe ablöschen und etwa 15 Minuten kochen lassen, dann das Gemüse pürieren. Sahne und Sanddorn-Vollfruchtmus dazugießen. Mit Salz, Pfeffer und etwas Chili abschmecken. Die Suppe schmeckt deftig-pikant und doch fruchtig!

Sanddorn-Kürbis-Suppe

Schlehe, Schwarzdorn

Prunus spinosa

Porträt

Die Schlehe ist ein weiterer Vertreter der strauchartig wachsenden Wildobstgehölze aus der Familie der Rosengewächse (Rosaceae). Aufgrund ihrer dunklen Rinde wird die Schlehe auch Schwarzdorn genannt, im Gegensatz zum Weißdorn mit seiner hellen Rinde. Das große natürliche Verbreitungsgebiet des Strauchs umfasst Europa, Nordafrika und das westliche Asien. Die Schlehe ist also kein spezialisiertes oder empfindliches Gewächs, sondern kommt mit den unterschiedlichsten Lebensumständen gut zurecht. In Mitteleuropa ist sie weit verbreitet und in den meisten Feldfluren zu finden. Die üppig und schneeweiß blühenden Büsche sind Mitteleuropas früheste blühende Obstgehölze und vermitteln uns so jedes Jahr das wunderbare Gefühl, dass jetzt der Frühling Einzug hält. Für viele Schmetterlinge dienen die Blüten als Nektarquelle. Auch zahlreiche Vögel, Käfer und Wildbienenarten finden hier Nahrung und Lebensraum. Darunter ist beispielsweise der Neuntöter – ein kleiner Vogel, der seine Beute (Insekten oder Mäuse) auf den Dornen der Schlehe aufspießt. Der Deutsche Naturschutzbund bezeichnet die Schlehe als „echtes Naturschutzgehölz". Für den Menschen bietet der Strauch vielerlei Nutzen: Das harte, dichte Holz wurde früher in der Landwirtschaft und für Spazierstöcke verwendet. Heute wird das weitreichende Wurzelwerk der Schlehe, ihre Windbeständigkeit und der starke Ausbreitungsdrang zur Befestigung von Hängen und Böschungen genutzt. Wie bei einigen anderen Wildobstgehölzen gibt es auch bei der Schlehe innerhalb derselben Art ganz unterschiedliche Eigenschaften: Wuchshöhe und -form, Fruchtgröße und -farbe und auch der Geschmack können stark variieren.

Wuchs und Aussehen Die Schlehe ist ein langsam wachsender, dicht verzweigter Strauch, der oft nur 1–3 m, bisweilen aber auch bis zu 5 m Höhe erreichen kann. Hat die Pflanze erst einmal einen Standort für sich eingenommen, versucht sie sich massenhaft zu vermehren: Unzählige Wurzelschösslinge wachsen aus dem dichten, oberflächennahen Wurzelsystem heraus. Auf diese Weise bilden sich kleine, undurchdringbare, dornige Hecken oder Wäldchen, die genetisch betrachtet alle aus derselben Pflanze bestehen. Die Rinde der Schlehe ist zunächst rötlichgrau, wird dann aber beim alten Holz schwarzbraun. Die Kurztriebe gehen meistens in Sprossdornen über. Die Blätter sind 2–4 cm lang, haben eine verkehrt eiförmige Form und stehen wechselständig am Zweig. Die Farbe der Blätter ist matt dunkelgrün, an der Oberseite etwas glänzend. Die reinweißen Blüten erscheinen vor dem Blattaustrieb (von Ende März bis Anfang Mai) und duften stark nach Bittermandel. Die Sträucher blühen üppig, die einzelne Blüte ist 1–1,5 cm groß und steht allein oder zu zweit. Die Früchte sind dunkelblau bis violett, manchmal fast schwärzlich, und sehen aus wie von Raureif überzogen. Im Durchmesser sind sie etwa 1 cm groß, kugelig und zuweilen leicht oval.

Typisch: *Die Rinde ist am alten Holz auffällig dunkel (daher Schwarzdorn), die reinweißen Blüten duften nach Bittermandel, die Früchte sehen aus wie kleine, violette Rundpflaumen.*

Vorkommen Die Schlehe bevorzugt nährstoffreiche und eher kalkhaltige Böden. Allerdings hat sie eine sehr große „ökologische Amplitude“: Das bedeutet, sie kommt auch abseits ihrer bevorzugten Standorte gut zurecht – sowohl auf sommertrockenen als auch auf schwach sauren, feuchten Standorten. Aus diesem Grund ist sie in Mitteleuropa eine der häufigsten Straucharten: Man begegnet ihr entlang sonniger Weg- und Waldränder und entdeckt sie als wesentlichen Bestandteil von Feldhecken und „Knicks“ (siehe Seite 11). Sie wächst als einzeln stehendes Pioniergehölz auf Magerweiden, Heiden und nicht mehr bewirtschafteten Weinbergen oder auch als Unterwuchs in lichten Wäldern.

Charakteristische Inhaltsstoffe und Heilwirkungen In den stark duftenden Blüten der Schlehe sind Flavonoide enthalten. Die Früchte besitzen Anthozyane und haben einen hohen Gehalt an Gerbstoffen, die für die adstringierende (zusammenziehende) Wirkung verantwortlich sind. Außerdem findet sich reichlich Zucker, Fruchtsäuren und Vitamin C. Als Tonikum werden die Früchte zur Stärkung des Herzens, in der Rekonvaleszenz und beim Altersherz angewendet. Das Blütenöl dient zur wärmenden Hautpflege. In den Samen sind giftige Blausäureglykoside. Diese können bei der Zubereitung in geringen Mengen übergehen, die jedoch unbedenklich sind.

Sammeltipps

Zubereitete Schlehenfrüchte schmecken köstlich – und lassen die Mühen der Verarbeitung schnell in Vergessenheit geraten. Bei der Ernte sind zunächst die Sprossdornen zu bewältigen. Durch einen festen Gartenhandschuh aus Leder geschützt, biegen Sie mit der linken Hand einen Zweig so zurecht, dass Sie ihn mit der rechten Hand ohne Handschuh gut abernten können (Linkshänder umgekehrt). Mit Daumen und Zeigefinger lassen sich die kleinen Früchte gut abpflücken und dann in einen zu Füßen stehenden Eimer werfen. Da es hier etwas Fingerspitzengefühl braucht, würde ein dicker Handschuh nur stören. Auch bei der Verarbeitung können die kleinen Schlehenfrüchte noch einmal anstrengend werden: Das Fruchtfleisch löst sich sehr schlecht oder auch gar nicht vom Kern. Für die unten aufgeführten Rezepte müssen die Früchte jedoch nicht entsteint werden!

Die Zweige der Schlehe lassen sich, ähnlich wie Forsythien, während der Wintermonate bei Zimmertemperatur zur Blüte bringen. Dabei sollten sie gelegentlich mit einem Wasserzerstäuber besprüht werden, da die zarten Blütenknospen sonst in der trockenen Heizungsluft verkümmern können. Besonders die Kombination der weißen Blüten mit dunkelgrünen Zweigen von Buchsbaum oder Nadelgehölzen wirkt sehr dekorativ.

Verwendete Pflanzenteile und Erntezeit

Blüten	März, April
Früchte	Ende Oktober, November
Zweige	November bis März

Rezepte

Der Geschmack roher Schlehen ist sehr sauer und hinterlässt einen pelzigen Nachgeschmack im Mund. Erst die spät geernteten, voll ausgereiften Früchte werden milder und süßer – ganz besonders nach den ersten Frostnächten im Spätherbst. In zubereitetem Zustand entfalten sich schmackhafte, intensive Aromen!
Die Ernte der Blüten ist zwar etwas zeitaufwendig, jedoch lohnend wegen ihres angenehm zarten Geschmacks. Sie werden mit spitzen Fingern abgezupft – Vorsicht vor den Dornen!

Schlehensirup

1 ½ kg Schlehenfrüchte • reines Wasser • 750 g Rohrohrzucker • ½ TL Zimtpulver

Die gewaschenen, verlesenen Schlehenfrüchte in einem Topf mit kochendem reinem Wasser übergießen, bis sie gerade bedeckt sind. Zudecken und für einen Tag ziehen lassen. Dann die Schlehen über einem Sieb abgießen. Das Schlehenwasser in einem anderen Topf auffangen und zum Kochen bringen. Erneut über die Schlehenfrüchte gießen und das Ganze zugedeckt einen weiteren Tag ziehen lassen. Dieser Vorgang wird insgesamt an mindestens drei Tagen wiederholt. Dann die Früchte (Trester) durch ein feines Sieb abgießen und beiseite stellen. Das Schlehenwasser mit Rohrohrzucker und Zimtpulver vermischen und zum Kochen bringen. Den heißen Sirup in zuvor sterilisierte Flaschen mit Schraubdeckelverschluss (siehe Seite 10) abfüllen und sofort verschließen. Kühl und lichtgeschützt gelagert, hält er sich mindestens ein Jahr. Verdünnt mit gekühltem Wasser oder Mineralwasser, ergibt der Sirup ein herb-fruchtiges Erfrischungsgetränk. Auch als Dessertsauce kann der Sirup verwendet werden. Der übrig gebliebene Schlehentrester aus den Früchten kann für Schlehen-Apfel-Marmelade oder auch in einem Smoothie weiterverarbeitet werden (siehe S. 76 und unten).

Schlehen-Pflaumen-Smoothie

200 g Schlehentrester (siehe oben) oder Schlehenmus (siehe S. 76) • 2 Bananen, geschält • 400 g Pflaumen, entsteint • 100 ml reines Wasser

Für einen Smoothie lässt sich Schlehentrester (siehe Schlehensirup) oder frisch hergestelltes Schlehenmus (siehe Schlehen-Apfel-Marmelade) verwenden. Zusammen mit Bananen und Pflaumen in einen Mixbecher füllen, Wasser hinzufügen und gründlich pürieren.

Schlehen-Apfel-Marmelade

700 g Schlehenfrüchte oder Schlehentrester (siehe oben) • etwas reines Wasser
600 g Äpfel • etwas reines Wasser • 500 g Gelierzucker (1:3) • ½ Zitrone, Saft
¼ TL Zimtpulver • 1 Msp Gewürznelkenpulver • 1 Vanillestange, ausgekratzt
100 ml Holunderbeerensaft (siehe Seite 44) oder schwarzer Johannisbeersaft

Die gewaschenen, verlesenen Schlehenfrüchte in etwas Wasser zu einem Kompott weich kochen. Die weichen Früchte oder den Schlehentrester durch die Flotte Lotte (Passevite) drehen. Auf diese Weise erhält man etwa 600 g Schlehenmus. Die Kerne wegwerfen. Die Äpfel in Stücke schneiden, mit etwas Wasser weich kochen und ebenfalls durch die Flotte Lotte geben. Es entstehen etwa 500 g Apfelmus. Dann beide Fruchtmuse zusammen in einen Topf füllen, Gelierzucker unterrühren und mit Zitronensaft, Zimt-, Nelkenpulver und Vanille würzen. Alles gut vermengen, Holunderbeeren- oder Johannisbeersaft dazugießen. Unter ständigem Rühren zum Kochen bringen und je nach Packungsbeschrieb des Gelierzuckers etwa drei Minuten kochen lassen. In sterilisierte Schraubdeckelgläser (siehe Seite 10) abfüllen, diese sofort verschließen und für einige Minuten auf den Kopf stellen. In normaler Position ganz auskühlen lassen. Diese Marmelade ist ein fruchtig-herber Genuss für Kenner!

Rezept-Tipp: *Für einen Blütenzucker können die schonend getrockneten Schlehenblüten verwendet werden (siehe Rezept für Rosenblütenzucker auf Seite 37).*

Schlehen, süßsauer eingemacht

800 g Schlehenfrüchte • 500 ml Rotweinessig • 400 g Rohrohrzucker • 1 Zimtstange
3–5 Gewürznelken • ein daumengroßes Stück Ingwer, geschält • etwas Chilipulver nach Geschmack • 300 ml Holunderbeerensaft (siehe Seite 44)

Die Schlehenfrüchte verlesen und heiß waschen. Den Rotweinessig zusammen mit Rohrohrzucker aufkochen. Den dabei entstehenden Schaum abschöpfen und wegschütten. Den Topf vom Herd nehmen. Zimtstange, Gewürznelken, Ingwer, Chili, Holunderbeerensaft und Schlehen hinzufügen und wieder zum Kochen bringen. Etwa 2–3 Minuten kochen lassen. Dann die Schlehen mit einem Schaumlöffel abschöpfen und in kleine, sterilisierte Schraubdeckelgläser (siehe Seite 10) füllen. Dabei Zimtstange, Gewürznelken und Ingwer entfernen. Die Gläser mit dem Sud auffüllen, bis alle Früchte komplett bedeckt sind. Sofort fest verschließen und für einige Minuten auf dem Kopf stehend, dann in normaler Position abkühlen lassen.

Rotkraut, in Schlehensaft gedünstet

1 kg Rotkraut • 1 Zwiebel, geschält • etwas Pflanzenfett • 100 ml Wasser • Salz, Pfeffer, 3 Lorbeerblätter, 3 Gewürznelken • 2 süße Äpfel • 150 ml Schlehensirup (siehe S. 75) • 100 ml Wasser • etwas Zitronen- oder Berberitzensaft (siehe S. 15)

Vom Rotkraut die äußeren Blätter entfernen, vierteln und den Strunk entfernen. Das Kraut in schmale Streifen schneiden und waschen. Die Zwiebel fein würfeln und in heißem Pflanzenfett glasig dünsten. Rotkraut hinzufügen, rühren und kurz weiterdünsten. Das Wasser dazugießen und mit Salz, Pfeffer, Lorbeerblättern und Nelken würzen. Für 10–15 Minuten kochen lassen, bis das Kraut deutlich zusammengefallen ist. Die Äpfel schälen, entkernen und in kleine Stücke schneiden. Zusammen mit Schlehensirup und Wasser zum Rotkraut geben, gut vermengen. Auf kleinster Flamme und nur halb zugedeckt für 30–40 Minuten schmoren lassen. Am Ende der Garzeit Lorbeerblätter und Nelken entfernen, mit etwas Zitronen- oder Berberitzensaft abschmecken.

Rezept-Tipp: *Für ein Duftwasser 2 Handvoll Blüten in warmem, reinem Wasser über Nacht ziehen lassen. Durch ein Sieb abgießen und zu Sirup oder Gelee weiterverarbeiten.*

Vogelbeere, Eberesche

Sorbus aucuparia

Porträt

Dass Vogelbeeren giftig sind, ist ein hartnäckiger Irrtum! Tatsächlich schmecken die rohen Früchte sehr bitter und sind ungenießbar. Sie enthalten Parasorbinsäure, die beim Verzehr größerer Mengen zu Magenbeschwerden führt. Beim Kochen wird der bittere Stoff jedoch in Sorbinsäure umgewandelt, die der Körper gut aufnehmen kann. Dann entfalten sich köstliche, bereichernde Aromen!

Früher wurde aus den Beeren Sorbit gewonnen, ein Zuckerersatz für Diabetiker. Heute wird dieser Stoff industriell gefertigt. Der lateinische Name der Eberesche beschreibt die einstige Nutzung der Beeren für den Vogelfang: „Aucupium" setzt sich aus „avis" für „Vogel" und „capere" für „einfangen" zusammen. Bei mehr als 60 Vogelarten stehen die kleinen, orangefarbenen Früchte der Eberesche auf dem Speiseplan. Aber auch für zahlreiche Insekten und Säugetiere sind sie eine wichtige Nahrungsquelle.

Die Eberesche gehört ebenfalls zur Familie der Rosengewächse (Rosaceae). Daher ist der Begriff „Beeren" botanisch falsch, es handelt sich um kleine Früchte. Die Gattung Sorbus umfasst 80 Arten, die in Gebieten mit gemäßigtem Klima auf der Nordhalbkugel überall vorkommen. Die Vogelbeere hat in Mitteleuropa nahe Verwandte: Die **Elsbeere** (*Sorbus torminalis*), ein relativ seltenes einheimisches Laubgehölz, die **Mehlbeere** (*Sorbus aria*) und die **Schwedische Mehlbeere** (*Sorbus intermedia*). Die beiden letztgenannten findet man öfter als Park- oder als Alleebaum. Auch der seltene **Speierling** (*Sorbus domestica*) gehört zur selben Gattung. Die Früchte aller genannten Arten sind essbar und können in ähnlicher Weise wie die Vogelbeere verarbeitet werden. Für Gartenbesitzer besonders interessant ist die **Essbare Eberesche** (*Sorbus aucuparia* 'Edulis'). Diese Art wurde erst um 1810 in Mähren entdeckt. Sie hat größere Früchte, die auch roh essbar sind und nicht bitter schmecken. Sie enthalten keine Parasorbinsäure, sind reich an Vitamin C und enthalten 8,5 % Sorbit.

Wuchs und Aussehen Die Eberesche wächst als Strauch und als mehr- oder einstämmiger Baum. Sie erreicht meist Höhen von 5–8 m, selten auch 15 m. Die Blätter sind aus 9–15 Einzelblättern zusammengesetzt, die jeweils etwa 5 cm lang sind und eine längliche Lanzettform haben. Sie sind scharf gezähnt und kaum gestielt; ihre Unterseite ist behaart. Die Eberesche blüht in stehenden Doldentrauben, in denen viele der kleinen, weißen Blüten zusammengefasst sind. Die Blütezeit ist im Mai, in kühleren Lagen erst Anfang Juni. Wie bei Rosengewächsen üblich, besitzen die Blüten fünf Kelchblätter; sie verströmen einen eher unangenehmen Geruch. Die 8–10 mm großen Früchte der Vogelbeere sind leuchtend orangerot gefärbte Äpfelchen, die in dichten Doldentrauben an den Zweigen hängen und dekorativ aussehen.

Typisch: Die glatte, hellgraue Borke des jungen Holzes und die charakteristisch geformten Fiederblätter sind eindeutige Kennzeichen der Vogelbeere.

Vorkommen Aufgrund ihrer auffälligen Blüten, der Fiederblätter und vor allem wegen der hübschen Früchte wird die Vogelbeere häufig in Gärten und Parks angepflanzt. Auch an Waldrändern, in Hecken und Gebüschen ist das Gehölz oft anzutreffen, da Vogelschützer ihr Vorkommen gezielt fördern. Von Natur aus besiedelt die tief wurzelnde Pionierpflanze nährstoff- und kalkarme Böden. Sie gedeiht auch in Mittelgebirgslagen und im Hochgebirge an unwirtlichen Standorten (bis auf 1500 m Höhe).

Charakteristische Inhaltsstoffe und Heilwirkungen Die Früchte enthalten reichlich Vitamin C, Gerbstoffe, Pektin, Zitronen- und Apfelsäure, (Para-)Sorbinsäure, Sorbit sowie Karotinoide, die für die auffällige Färbung der Früchte sorgen. Der bittere, saure Geschmack der rohen Beeren kommt durch Säuren und Gerbstoffe zustande – deshalb sind sie trotz der enthaltenen 10 % Zucker in unverarbeitetem Zustand ungenießbar. Wegen des Gehaltes an Vitamin C waren die Beeren früher ein wichtiges Mittel gegen Skorbut. Auch bei Erkältungskrankheiten wurden sie verordnet. In der Volksmedizin ist zudem eine harntreibende, leicht abführende Wirkung der gekochten Beeren beschrieben, die zur Behandlung von Gicht und Rheuma genutzt wird. Sie sollen auch ein Geheimmittel für Redner und Sänger sein; Kräuterpfarrer Johann Künzle empfahl den Absud aus den Beeren zum Gurgeln bei Heiserkeit.

Vogelbeer-Zucchini-Chutney

Sammeltipps

Zum Trocknen der Blüten erntet man die ganzen Dolden mit einer Gartenschere und legt diese dann auf einen Gitterrost oder hängt sie büschelweise auf. Die Stängel der Doldentrauben können später beim Rebeln der getrockneten Blüten leicht entfernt werden. Zur Aufbewahrung in dunkle Schraubdeckelgläser füllen (siehe Seite 10).
Bei der Ernte der Früchte darauf achten, nur ausgereifte Beeren zu sammeln (ganze Doldentrauben abschneiden). Zu Hause werden die einzelnen Beeren abgezupft und verlesen. Am besten mit der Ernte bis nach dem ersten richtigen Frost warten (nicht nur ein schwacher Bodenfrost!), die Beeren schmecken dann milder.

Verwendete Pflanzenteile und Erntezeit

Blüten	Mai bis Anfang Juli
Beeren	frühestens September, bis in den November (nach dem ersten starken Frost)

Rezepte

Die Früchte der Vogelbeere eignen sich nicht zum rohen Verzehr! Daher gilt: Erst kochen, dann genießen! Gekocht schmecken die Früchte süß-säuerlich mit einem zarten Bittermandelaroma. Die getrockneten Blüten zeichnen sich durch einen leicht säuerlichen und mandelartigen Geschmack aus, zum rohen Verzehr sind sie durch ihren strengen, bitteren Geschmack weniger geeignet.

Vogelbeer-Lassi (Trinkjoghurt)

400 g Vogelbeerenfrüchte • 400 ml reines Wasser • 400 ml Orangensaft
2 EL Rohrohrzucker • 1 Prise Zimtpulver • 1 Vanillestange, ausgekratzt
300 g Naturjoghurt • 250 ml Milch oder Molke

Die gewaschenen, entstielten Vogelbeeren kurz im Wasser aufkochen, die Flüssigkeit weggießen. Die Beeren mit Orangensaft, Rohrohrzucker, Zimt und dem Mark der Vanillestange vermischen und erneut zum Kochen bringen. Nach 15 Minuten Kochzeit alles durch die Flotte Lotte (Passevite) drehen, Fruchtmark und Saft dabei auffangen. Abkühlen lassen, mit Naturjoghurt und Milch oder Molke verquirlen. Gut gekühlt servieren!

Rezept-Tipp: Die getrockneten Blüten der Eberesche lassen sich als Gewürz für Süßspeisen verwenden – im Milchreis, Grießbrei oder Pudding werden sie einfach mitgekocht. Sie verleihen den Desserts säuerliche, mandelartige Aromen.

Vogelbeer-Zucchini-Chutney

4 mittelgroße Zwiebeln, geschält • 1 kg Zucchini • 800 g Vogelbeerenfrüchte, gewaschen und entstielt • 4 Äpfel • etwas Pflanzenfett • 100 g Rosinen
½ l Obstessig • ¼ l reines Wasser • 200 g Honig • 100 g Rohrohrzucker
2 TL Salz • 3 Stangen Zimt • 3 ganze Gewürznelken • 2 Stücke Ingwer (jeweils 2–3 cm groß), geschält

Vorbereitend Zwiebeln klein würfeln, Zucchini waschen und in Scheiben schneiden. Vogelbeeren waschen und entstielen. Äpfel schälen, entkernen und in feine Streifen schneiden. Die Zwiebelwürfel im Pflanzenfett glasig dünsten. Nach und nach alle restlichen Zutaten hinzufügen. Dabei das Chutney unter Rühren langsam zum Kochen bringen, 20 Minuten auf kleiner Flamme kochen lassen. Zimtstangen, Ingwerstücke und Nelken entfernen. Das heiße Chutney kann jetzt in sterilisierte, noch heiße Schraubdeckelgläser abgefüllt werden (siehe Seite 10). Die Gläser sofort verschließen, für einige Minuten auf den Kopf stellen, dann in normaler Position auskühlen lassen. Das Chutney schmeckt besonders gut zu Reis- und Hirsegerichten. Es ist mindestens ein Jahr haltbar; angebrochene Gläser lassen sich zwei Wochen im Kühlschrank aufbewahren.

Rezept-Tipp: Zusammen mit Birnen lässt sich aus den Vogelbeerenfrüchten eine köstliche Konfitüre herstellen.

Weißdorn

Crataegus monogyna und Crataegus laevigata

Porträt

In Mitteleuropa sind zwei Weißdornarten heimisch: Der **Gewöhnliche Eingriffelige Weißdorn** (*Crataegus monogyna*) besitzt in seiner Blüte nur einen Griffel und in der sich daraus entwickelnden Frucht auch nur einen Stein. Der **Gewöhnliche Zweigriffelige Weißdorn** (*Crataegus laevigata*) hat meist zwei bis drei Griffel in der Mitte der Blüte und mehrere Steine in der Frucht. Beide Arten lassen sich auch anhand ihrer Belaubung unterscheiden: *Crataegus monogyna* wird wegen seiner tiefer eingeschnittenen Blätter auch **Spitzlappiger Weißdorn** genannt, während der **Stumpflappige Weißdorn** (*Crataegus laevigata*) an den nur leicht gelappten Blättern zu erkennen ist. Beide kommen in der mitteleuropäischen Kultur- und Naturlandschaft sehr häufig vor. In Gärten und Parks wird dagegen oft eine Zierform gepflanzt: der **Rotdorn** (*Crataegus laevigata* 'Paul's Scarlet'). Dieser ist im Mai mit leuchtend dunkelrosa Blüten übersät und wird meist als kleinkroniger Baum gezogen. Der Rotdorn ist ein idealer Alleebaum. Da auch er starken Schnitt verträgt, ist er für kleine Gärten bestens geeignet. Die beiden einheimischen Weißdornarten gehören ebenfalls zur Familie der Rosengewächse (Rosaceae). Der Gattungsname Crataegus leitet sich vom griechischen „Krataigos" ab, was „stark, fest" bedeutet und sich auf die Materialeigenschaften des außerordentlich harten und festen Holzes bezieht. Früher wurde es hauptsächlich als Drechslerholz verwendet, zum Beispiel bei der Herstellung von Werkzeugstielen oder Spazierstöcken. Weißdorne sind ideale Heckenpflanzen: Durch ihr tief reichendes Wurzelsystem und die derben Blätter sind sie besonders gut an Wind, Hitze und Trockenheit angepasst. An die Böden ihrer Standorte stellen sie kaum Ansprüche. Auch gegenüber mechanischen Verletzungen sind sie äußerst unempfindlich. Weißdorne besitzen eine beeindruckende Austriebskraft: Sogar hundertjährige Großsträucher schlagen, nachdem sie vollständig auf Stock gesetzt wurden, wieder aus dem Wurzelstock aus. „Auf den Stock setzen" bedeutet, dass lineare Hecken radikal zurückgeschnitten werden und man sie so zum Neuaustrieb aus der Wurzel zwingt, um die Hecken insgesamt dicht zu halten.

Wuchs und Aussehen

	Eingriffeliger Weißdorn *Crataegus monogyna*	Zweigriffeliger Weißdorn *Crataegus laevigata*
Wuchsform	dicht verzweigter Großstrauch oder kleiner Baum	dicht verzweigter Großstrauch oder kleiner Baum
Wuchshöhe	bis 8 m hoch	2–6 m hoch
Junge Triebe	oliv- bis graugrün, 2 cm lange Dornen	oliv- bis graugrün, 2 cm lange Dornen
Altes Holz	schuppig abblätternde, silbergraue Borke	schuppig abblätternde, silbergraue Borke
Blätter	verkehrt eiförmige Form	verkehrt eiförmige Form
	wechselständig angeordnet	wechselständig angeordnet
	ledrig fest	ledrig fest
	Oberseite kaum oder nicht glänzend	Oberseite glänzend dunkelgrün
	Unterseite bläulichgrün	Unterseite matt
	spitzlappige, tief eingeschnittene Blätter mit 1–4 Lappen auf jeder Blattseite	stumpflappige, manchmal nur leicht gekerbte Blätter, insgesamt 3–5 Lappen
Blüte	1 Griffel in Blütenmitte: umgeben von rosaroten Staubbeuteln, weiß, duftend, in Schirmrispen, erscheint etwa 2 Wochen nach *Crataegus laevigata*	2–3 Griffel in Blütenmitte: umgeben von rosaroten Staubbeuteln, weiß, duftend, in Schirmrispen, erscheint etwa 2 Wochen vor *Crataegus monogyna*
Früchte	Früchte mit 1 Stein	Sammelsteinfrüchte mit 2–3 Steinen

Typisch: Auffallend sind beim Weißdorn die zunächst rosaroten, später bräunlichen Staubbeutel in der Mitte der Blüten, die sich von den weißen Blütenblättern sichtbar abheben.

Vorkommen Der Weißdorn ist, ähnlich wie Schlehe, Haselnuss oder Holunder, eines der häufigsten und weitest verbreiteten Feldgehölze. Er bildet Hecken, wächst aber auch als Einzelstrauch auf Schutt- und Ödland. Weißdorn besiedelt Böschungen, Bahndämme und Wegränder sowie ehemalige Wiesen, Weiden und Streuobstwiesen. Außerdem findet man ihn an Waldrändern und im Unterwuchs von lichten Edellaub- und Kiefernwäldern.

Charakteristische Inhaltsstoffe und Heilwirkungen Die Blätter enthalten Flavonoide, die „Beeren" ebenfalls, aber in geringeren Mengen. Die Blüten besitzen bis zu 0,15 % ätherisches Öl. Extrakte aus Weißdornblüten und -blättern sind klinisch erprobt und von der Schulmedizin als Phytotherapeutika anerkannt. Die positive Wirkung auf die Durchblutung der Herzkranzgefäße und die Senkung des Blutdrucks ist nachgewiesen. Weißdorn wird auch zur Rekonvaleszenz bei Herzinfarkt-Patienten eingesetzt. Die Heilpflanze hat keine Nebenwirkungen; die Verträglichkeit ist sehr gut. Generell ist zu beachten: Präparate mit Weißdorn wirken nicht sofort, wie eine Kopfwehtablette – die Heilwirkung stellt sich erst nach einer längeren Einnahmezeit ein.

Sammeltipps

Nach diesem Strauch müssen Sie nicht lange suchen: Weißdorn ist fast überall zu finden! Er ist zwar mit Dornen bewehrt, aber die Ernte gestaltet sich dennoch problemlos: Die Früchte sind leicht zu pflücken. Handschuhe sind in der Regel nicht notwendig. Da die beiden Arten etwas zeitversetzt blühen, hat man die Wahl zwischen dem früheren *Crataegus laevigata* und dem etwa zwei Wochen späteren *Crataegus monogyna.* Sammeln Sie aber in jedem Fall nur die frisch aufgeblühten Blüten; diese enthalten die größte Menge an ätherischem Öl. Auch im Herbst kann man das Sammeln ohne Zeitdruck angehen: Die „Beeren" sind wochenlang erntefähig, auch Frost schadet ihnen nicht sofort. Vögel und Kleinsäuger schätzen zwar die Weißdornfrüchte als Herbst- und Winternahrung, fressen aber nicht sofort alles auf – sodass man sich auch aus diesem Grund nicht beeilen muss.

Verwendete Pflanzenteile und Erntezeit

Junge Blätter	April und Mai oder Juli
Blüten	Mai, Juni
Scheinfrüchte	September,Oktober

Rezepte

Junge Blätter und Blüten haben einen nuss- oder mandelartigen Geschmack. Blütenknospen und frisch aufgeblühte Blüten können direkt roh gegessen werden. Ihr Geruch ist intensiv herb-aromatisch. Das Fruchtfleisch der Früchte ist mehlig und schmeckt säuerlich-süß.

Weißdorn-Blütengelee

2 Handvoll frisch aufgeblühte Weißdornblüten • 1,1 l reines Wasser
500 g Gelierzucker (1:3) • 1 Zitrone, Saft

Zunächst wird aus den frisch aufgeblühten Weißdornblüten ein wässriger Auszug hergestellt. Dazu die Blüten nur verlesen und auf schadhafte Stellen oder Insekten kontrollieren. Sie dürfen nicht gewaschen werden, da sonst das Aroma verloren geht! Die Blütenstiele mit Blättern entfernen. Die Blüten in das reine Wasser geben und fast bis zum Siedepunkt erhitzen. Vom Herd nehmen und zugedeckt über Nacht ziehen lassen. Am folgenden Tag durch ein Sieb gießen, Flüssigkeit dabei auffangen. Das so erhaltene Duftwasser (1 l) wird nun mit Gelierzucker und Zitronensaft unter ständigem Rühren zum Kochen gebracht. Nach 3–4 Minuten Kochzeit eine Gelierprobe machen und das fertige Gelee in sterilisierte Schraubdeckelgläser abfüllen (siehe Seite 10). Die Gläser zunächst einige Minuten auf den Kopf stellen, dann in normaler Position abkühlen lassen. Das Gelee ist mindestens ein Jahr haltbar – und begeistert durch seine außergewöhnlichen Aromen!

Rezept-Tipp: *Für ein Duftwasser 2 Handvoll Weißdornblüten über Nacht in 1 l warmem, reinem Wasser ziehen lassen. Bei der Zubereitung eines Puddings ersetzt das abgeseihte Duftwasser die jeweils angegebene Milchmenge zur Hälfte. Dabei wird das Aroma intensiver, wenn Sie Rohrohrzucker statt Kristallzucker verwenden. Sojamilch kann gut als Milchersatz für die Puddingzubereitung eingesetzt werden.*

Weißdornsirup

1 kg Weißdornfrüchte • ca. 500 ml reines Wasser • 500 g Rohrohrzucker
1 unbehandelte Bio-Zitrone, Schale und Saft

Die Weißdornfrüchte verlesen, waschen und in einen Topf geben. Mit Wasser auffüllen, bis die Früchte gerade mit Wasser bedeckt sind. Zum Kochen bringen und unter gelegentlichem Rühren zwanzig Minuten schwach köcheln lassen. Die Früchte mit der Garflüssigkeit durch die Flotte Lotte (Passevite) drehen. Saft und Fruchtmark (ca. 1 l) mit dem Rohrohrzucker mischen, abgeriebene Zitronenschale und -saft dazugeben. Erneut aufkochen lassen und nach etwa drei Minuten Kochzeit den heißen Sirup in sterilisierte Flaschen (siehe Seite 10) abfüllen und sofort verschließen. Der Sirup eignet sich zur Herstellung von Erfrischungsgetränken (z. B. Limonade) und als Süßungsmittel für Tee. Er ist mindestens ein Jahr haltbar.

Weißdornmarmelade

1 kg Weißdornfrüchte • etwa 300 ml reines Wasser • etwa 300 ml Apfelsaft
1 Apfel • 2 Orangen, Schale und Saft • 1 Zitrone, Schale und Saft
1 Vanillestange, ausgekratzt • ¼ TL Zimtpulver • 1 Prise Gewürznelkenpulver
500 g Gelierzucker (1:3)

Die Weißdornfrüchte verlesen, waschen und in einen Topf geben. Mit so viel Wasser und Apfelsaft auffüllen, bis die Beeren gerade so mit Flüssigkeit bedeckt sind.
Dazu kommen der geschälte, entkernte und in Stücke geschnittene Apfel sowie der ausgepresste Saft und die abgeriebenen Schalen von Orangen und Zitrone. Dann das ausgekratzte Mark der Vanillestange, Zimt- und Nelkenpulver dazugeben. Alles für etwa zehn Minuten zugedeckt köcheln lassen, dabei immer wieder umrühren. Den Sud durch die Flotte Lotte (Passevite) drehen, Fruchtmark und Saft auffangen. Die so entstandene Fruchtzubereitung (1,2 l) mit dem Gelierzucker vermischen und unter ständigem Rühren zum Kochen bringen. Nach etwa drei Minuten Kochzeit Gelierprobe machen und die Marmelade heiß in sterilisierte Schraubdeckelgläser abfüllen (siehe Seite 10). Zunächst kurz auf dem Kopf stehend abkühlen lassen, dann umdrehen. Die Marmelade ist mindestens ein Jahr haltbar.

Weißdorntee Bei der Herstellung eines Tees verwendet man Blätter, Blüten und Früchte gleichermaßen. Die einzelnen Bestandteile werden zu unterschiedlichen Jahreszeiten gesammelt: die Blüten im Mai, spätestens Anfang Juni, die für den Tee verwendeten Blätter im Juli, die Früchte im September. Dann wird das jeweilige

Sammelgut verlesen, nicht gewaschen und auf Gitterrosten zum Trocknen ausgelegt. Es kann auch im Backofen oder Dörrapparat bei maximal 40 °C getrocknet werden (siehe Seite 10). Dann werden Blätter, Blüten und Früchte zu gleichen Teilen gemischt, in Teedosen abgefüllt und gelagert.
Für die Zubereitung des Tees überbrüht man 1–2 TL dieser Mischung pro Tasse, lässt zehn Minuten zugedeckt ziehen und süßt nach Bedarf mit etwas Honig oder Rohrohrzucker.

***Rezept-Tipp:** Junge Weißdornblätter werden im April und Mai als Zugabe zu Wildkräuter- und Spinatgerichten oder Blattsalaten verwendet. Rezepte dazu finden Sie in Band 1 dieser Reihe: „Die 12 wichtigsten essbaren Wildpflanzen".*

Weißdorntee

Literatur

Albl, G. und Aichinger, E.: **Wildpflanzen im Trend natürlicher Ernährung suchen, erkennen, sammeln, verwenden.** Eigenverlag Erwin Aichinger, Moosburg 2004.

Fleischhauer, S.: **Enzyklopädie der essbaren Wildpflanzen.** AT Verlag, Aarau und München 2003.

Fleischhauer, S.: **Essbare Wildpflanzen.** AT Verlag, Aarau und München 2007.

Franke, W.: **Nutzpflanzenkunde. Nutzbare Gewächse der gemäßigten Breiten, Subtropen und Tropen.** Thieme Verlag, Stuttgart 2007.

Haerkötter, G. und M.: **Rund um die Heckenrose.** Eichborn Verlag, Frankfurt am Main 1987.

Heywood, V.H.: **Blütenpflanzen der Welt.** Birkhaeuser Verlag, Basel 1982.

Krause, K.: **Unsere wild wachsenden Küchenpflanzen – Eine Handreichung für die Kriegszeit.** Deutsche Lehrbuchhandlung, Berlin 1915.

Löw, H.: **Pflanzenöle: Anbau und Verarbeitung der gängigen Ölpflanzen.** Herstellung von Spezial- und Gewürzölen. Leopold Stocker Verlag, Graz und Stuttgart 2003.

Rothmaler, W.: **Exkursionsflora von Deutschland, Band 3: Atlas der Gefäßpflanzen.** Verlag Volk und Wissen, Berlin 1991.

Schilcher, H.: **Kleines Heilkräuter-Lexikon.** Walter Hädecke Verlag, Weil der Stadt 2008.

Schmeil, O. und Fitschen, J.: **Flora von Deutschland.** Quelle und Meyer Verlag, Heidelberg 1988.

Schoenichen, W.: **Von deutschen Bäumen.** Walter de Gruyter & Co., Berlin 1950.

Strauß, M.: **Die 12 wichtigsten essbaren Wildpflanzen: bestimmen, sammeln und zubereiten.** Walter Hädecke Verlag, Weil der Stadt 2010.

Strauß, M.: **Köstliches von Waldbäumen: bestimmen, sammeln und zubereiten.** Walter Hädecke Verlag, Weil der Stadt 2010.